新型职业农民培训教材

淡水名特优鱼类养殖技术

覃栋明　朱定贵　朱　瑜
张　盛　蒋小珍　编著

广西科学技术出版社

图书在版编目（CIP）数据

淡水名特优鱼类养殖技术 / 覃栋明编著. --南宁：
广西科学技术出版社，2020.10
ISBN 978-7-5551-1429-1

Ⅰ. ①淡… Ⅱ. ①覃… Ⅲ. ①淡水鱼类—鱼类养殖
Ⅳ. ①S965.1

中国版本图书馆CIP数据核字（2020）第198886号

淡水名特优鱼类养殖技术

覃栋明　朱定贵　朱　瑜　张　盛　蒋小珍　编著

责任编辑：黎志海　张　珂　　　　封面设计：梁　良
责任印制：韦文印　　　　　　　　责任校对：陈剑平

出 版 人：卢培钊
出版发行：广西科学技术出版社　　地　　址：广西南宁市东葛路66号
邮政编码：530023　　　　　　　　网　　址：http://www.gxkjs.com

经　　销：全国各地新华书店
印　　刷：广西万泰印务有限公司
地　　址：南宁经济技术开发区迎凯路25号　　邮政编码：530031
开　　本：787mm × 1092mm　1/16
字　　数：116千字　　　　　　　　印　　张：6.5
版　　次：2020年10月第1版　　　　印　　次：2020年10月第1次印刷
书　　号：ISBN 978-7-5551-1429-1
定　　价：25.00元

《新型职业农民培训教材》编委会

前　言

随着社会经济的发展，人们的生活水平有了很大的提高，对水产品的要求越来越高，常规的养殖品种已不能满足人们对高品质水产品的需求，商品价值和营养价值高的名特优鱼类日益受到消费者的青睐。为了适应形势的发展，加快人才的培养，特编写本书。

本书介绍近年来深受养殖者和消费者喜爱的名特优鱼类的养殖技术。这些名特优鱼类的养殖技术日趋成熟，不但产量高，品质好，市场价格较高，而且销路较好，投资回报率较高。

本书图文并茂，通俗易懂，融入新技术、新方法，可操作性强，实用性强，适合各地开展养殖，为农民脱贫致富奔小康提供技术支撑，可供水产养殖者参考。

由于编者认识的局限性，本书如有不妥之处，敬请广大读者批评指正。

目录

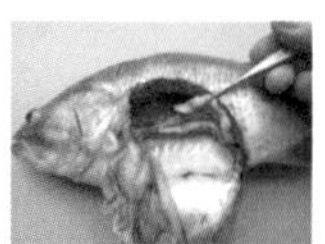

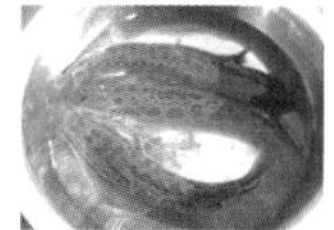

第一章　黄颡鱼健康养殖技术

第一节　黄颡鱼养殖概况

黄颡鱼 *Pseudobagrus fulvidraco*，俗称黄骨鱼、黄蜂鱼、黄腊丁，属于鲇形目鲿科黄颡鱼属，广泛分布于我国珠江、长江、黄河、黑龙江等流域。我国黄颡鱼属有 5 个种，即黄颡鱼、瓦氏黄颡鱼、长须黄颡鱼、光泽黄颡鱼和中间黄颡鱼，以瓦氏黄颡鱼和黄颡鱼分布最广。黄颡鱼肉质细嫩、味道鲜美、营养丰富，无肌间刺，含肉率高，含有人体必需的多种氨基酸，尤以谷氨酸、赖氨酸含量高，因而颇受消费者喜爱。

因为天然水体中可捕捞量逐渐减少，而市场需求量日渐增大，所以养殖黄颡鱼具有广阔的发展前景。目前以超雄黄颡鱼为父本、普通黄颡鱼为母本繁殖出来的黄颡鱼（又称“全雄 1 号”黄颡鱼），具有雄性率超过 98%、生长快、规格整齐、品质好、产量高等特点，它的养殖成功改变了普通黄颡鱼品种雌雄混杂、产量不高的状况，在相同的养殖条件下，可比普通黄颡鱼增产约 35%，已实现了规模化繁殖和养殖推广，具有良好的市场应用前景。

第二节　黄颡鱼生物学特性

一、形态特征

黄颡鱼的头扁平，尾粗短，头顶和枕骨大部分裸露且粗糙。吻部钝圆，口裂大，上颌稍长于下颌，上、下颌具绒毛状齿带。有须 4 对，其中上颌须最长，末端伸达或超过胸鳍基部，鼻须位于后鼻孔前缘，末端伸达或超过眼后缘；外侧下颌须长于内侧下颌须。身体裸露无鳞；体背部为黑褐色至青黄色，体侧呈黄色，体侧面有 2 纵及 2 横浅黄色细带条纹相间，把体侧间隔成 3 块黄褐色纵斑块，腹部淡黄色。各鳍灰黑色，背鳍硬棘后缘有锯齿，背部有短脂鳍；胸鳍具发达的骨质硬棘，硬棘后缘有锯齿；腹鳍较短；有臀鳍；尾鳍深分叉，上下叶等长（图 1–1）。

图 1-1 黄颡鱼

二、生活习性

黄颡鱼多在静水或江河缓流中活动，喜底栖生活，白天多潜伏于水底层暗处，夜间则游到水体上层觅食。成体不集群，喜分散活动。仔鱼在天气晴朗时，喜欢在水体上层集群嬉戏或觅食。黄颡鱼属温水性鱼类，生存水温为 0 ～ 38℃，摄食水温为 5 ～ 36℃，生长水温为 18 ～ 34℃，最佳生长水温为 25 ～ 28℃。适宜的 pH 值为 6.0 ～ 9.0，最适 pH 值为 7.0 ～ 8.4。水中溶氧量在 3 mg/L 以上时生长正常，低于 2 mg/L 时出现浮头，窒息点为 0.31 mg/L。

三、食性与生长

黄颡鱼是以动物性饲料为主的杂食性鱼类。鱼苗阶段以轮虫、枝角类和桡足类为食。长到 2 cm 以后，可以投喂水蚯蚓、鱼肉糜、蚌肉或动物下脚料的碎末等，也可以投喂人工配合饲料。黄颡鱼的成鱼在自然条件下以小型鱼类、虾、蚌、螺及水生昆虫的幼虫为食。在人工饲养的条件下，蝇蛆、蚯蚓、动物内脏等都是其很好的饲料，经驯化后还能很好地摄食人工配合饲料。

在自然条件下，1 龄鱼可长到 25 ～ 50 g，2 龄鱼可长到 50 ～ 100 g。在池塘主养、水温适宜、投料充分的条件下，当年黄颡鱼可长到 100 ～ 150 g，达到商品鱼规格。黄颡鱼体长达 10 cm 后，雄鱼一般比雌鱼生长速度快。另外，1 ～ 2 龄鱼生长较快，以后生长缓慢。

四、繁殖习性

黄颡鱼为 1 年 1 次产卵类型的鱼类，2 ～ 3 龄达到性成熟，南方的产卵期为 4 月下旬至 7 月上旬，华中地区的产卵期多为 5 月至 7 月中旬，在北方要到 6 月才开始产卵，产卵水温为 20 ～ 30℃。

黄颡鱼雄鱼的精巢呈花瓣状，精液难以挤出。雌鱼绝对怀卵量为 3500 ～ 6500 粒 / 尾。黄颡鱼在自然界有集群繁殖和筑巢产卵保护后代的习性，繁殖期间，雄鱼用胸鳍挖泥成穴筑鱼巢，鱼巢有几个在一起的，也有几十个成群的，相隔不远，形成穴群。每个鱼巢的直径约为 15 cm，深 10 cm，待雌鱼在鱼巢中排卵并受精后，雄鱼即在鱼巢边护卵孵化，一直守护到鱼苗能自行游动为止，时间为 7 ～ 8 天，其间几乎不摄食。雌鱼产完卵后离巢觅食。受精卵黄色，黏性，沉于巢底或黏附在巢壁旁的水草等物体上发育，卵直径约为 2.5 mm，在水温 25℃时，鱼苗约 70 小时出膜。

第三节　黄颡鱼人工繁殖技术

一、亲鱼的来源

普通黄颡鱼母本来源比较广泛，可从江河、水库、湖泊中捕捞，也可在人工养殖的商品鱼中挑选，避免从近亲繁殖的后代中挑选，按黄颡鱼品种的形态特征来挑选；超雄黄颡鱼由专门的科研生产单位或授权生产单位提供。在黄颡鱼人工繁殖中，运送亲鱼是比较重要的环节。黄颡鱼胸鳍和背鳍上的硬棘坚硬、尖锐、有锯齿，在进行大规模运输时，鱼体容易相互刺伤，不宜长途运输。运输黄颡鱼的方法有活体船运输、活鱼车运输、塑料袋运输等。从天然水域中捕捞的黄颡鱼，在运输之前要经过一段时间的暂养，以增强其适应性。运输水温以 5 ～ 15℃为宜，保持水质清新。水温过高，会使黄颡鱼的活动力增强，排泄物的腐败作用加快，导致水质迅速腐败。

二、亲鱼培育

1. 雌雄鉴别与亲鱼选择

鱼苗和未发育成熟的黄颡鱼性别鉴别困难，而体长 7 cm（体重 50 g）以上，尤其是发育成熟的鱼则较易鉴别。雄鱼体形细长，腹部平坦，肛门后有突出的长而尖的生殖突（图 1–2），泄殖孔在生殖突的末端；雌鱼体形粗短，腹部膨大柔软，无生殖突，生殖孔圆而红肿。同一批鱼中雄鱼大于雌鱼。

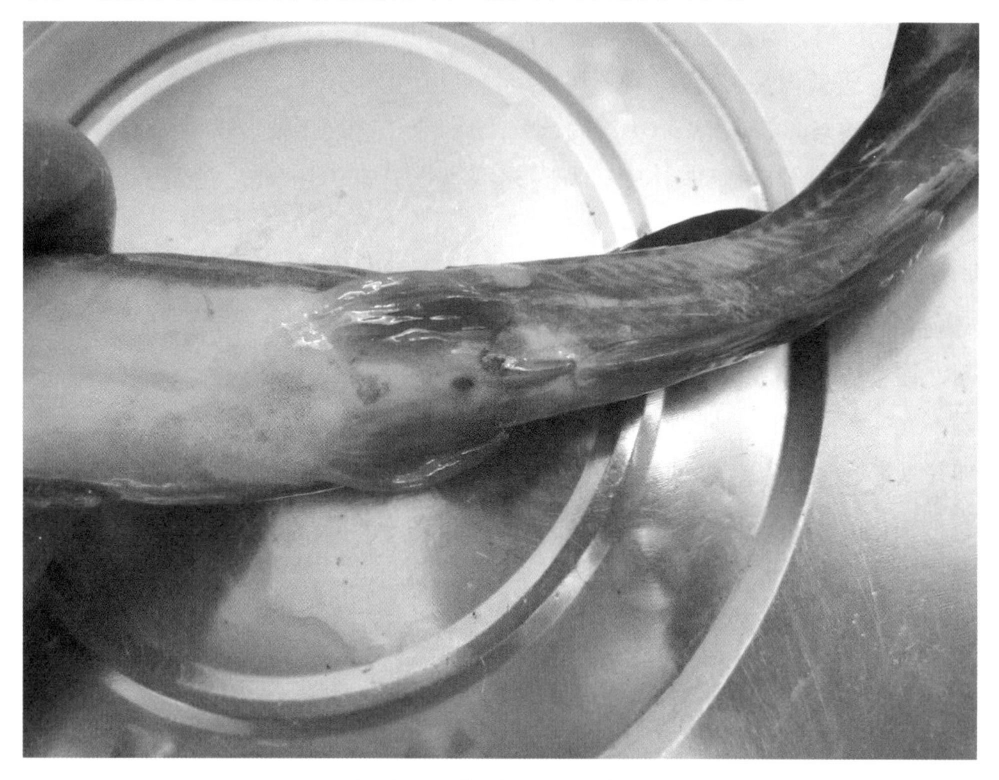

图 1-2 黄颡鱼雄鱼生殖突

亲鱼收集时间一般以 12 月至翌年 2 月为宜。选购亲鱼时，要求纯种，身体健壮，无伤无病，性腺成熟，2 龄以上。雌亲鱼个体重在 100 g 以上，雄亲鱼个体重在 200 g 以上。

2. 培育池

培育池的位置应靠近催产池，以便亲鱼的运输和操作。要求环境安静、交通方便等。黄颡鱼亲鱼个体较小，所以培育池的面积不宜过大，一般以 1000 ～ 2000 m^2 为宜，水深 1 ～ 1.5 m。

培育池的清塘工作包括清除池底过多的淤泥，清除杂草，维护和加固堤埂，维修好进水口和排水口的拦鱼设施，以防野杂鱼进入和亲鱼逃出；用生石灰等彻底消毒。黄颡鱼卵为黏性卵，清除杂草后，可减少因存在鱼卵附着物而发生偷产现象。

3. 亲鱼放养

经过试水（放鱼前 24 小时，将 10 多尾鲢鱼苗或鳙鱼苗放入从亲鱼池提取的水中，如 24 小时后鱼苗安然无恙，说明池水无毒性），确定亲鱼池清塘药物的毒性消失后才可放养亲鱼。亲鱼下塘前可用食盐水或高锰酸钾溶液消毒。食盐水消毒方法是将亲鱼放在 3% 食盐水中浸浴 10 分钟；高锰酸钾溶液消毒方法是将亲鱼放在 20 mg/L 高锰酸钾溶液中浸浴 15 ～ 20 分钟。黄颡鱼为无鳞鱼，在浸浴消毒过程中应密切注意鱼体的活动情况，灵活掌握浸浴时间。亲鱼的放养密度一般为 2000 ～ 2500 尾 /667 m^2，总体重为 200 ～ 250 kg。在亲鱼池中，每 667m^2 混养长为 10 ～ 14 cm 的鲢鱼苗、鳙鱼苗 200 ～ 250 尾，以利于控制亲鱼池的水质，忌放鲤鱼苗、鲫鱼苗，以免因相互争食而影响黄颡鱼的培育。如进行人工繁殖，雌雄亲鱼要分开培育，以防因天气骤变而引发雌鱼流产。

4. 饲料与投喂

黄颡鱼亲鱼培育阶段，因性腺发育的需要，对营养的需求较大，可投喂新鲜的鱼肉、动物内脏等动物性饲料，也可投喂全价黄颡鱼亲鱼料，日投饲率为 2% ～ 5%。投喂时要做到定时、定位、定质、定量。同时，适当施有机肥培育天然饵料，以补充人工饲料中所缺乏的营养成分。

5. 饲养管理

在催产前的 1 ～ 2 个月，每隔 7 ～ 10 天冲水 1 次，通过流水刺激，促进亲鱼性腺发育。保持水质清新，溶氧量在 4 mg/L 以上，pH 值为 7 ～ 8.5。在黄颡鱼亲鱼培育期间，容易发生小瓜虫病和水霉病，要做好疾病防治工作。

三、催情产卵

1. 成熟亲鱼的选择

当水温稳定在 20 ～ 26℃时，多数黄颡鱼的性腺已发育成熟。成熟的雌亲鱼腹部膨大柔软，仰腹可见明显的卵巢轮廓，倒提可见卵巢流动，生殖孔扩张，红肿外突。而雄亲鱼体色深黄，生殖突末端的泄殖孔呈桃红色。成熟的雄亲鱼的精液很难挤出。

2. 亲鱼配组

通常采取人工催产自然产卵的方法，雌雄比例为 1 ∶ 1.2；采取人工授精的方法，雌雄比例以 1.2 ∶ 1 为宜。

3. 催产剂

常用的催产剂有鲤鱼、鲫鱼的脑垂体（PG）、人绒毛膜促性腺激素（HCG）、促黄体素释放激素类似物（LRH-A）、马来酸地欧酮（DOM）等。催产剂单独使用的剂量，每千克雌鱼体重用 PG 3 ～ 5 mg、LRH-A 20 ～ 50 μg、

HCG 800 ～ 1200 IU，以混合使用催产剂效果较为理想，每千克雌鱼体重用 DOM 5 mg + LRH-A 5 ～ 8 μg；雄鱼剂量减半。多在胸鳍基部注射（图 1-3）。黄颡鱼个体小，最好采取一次性注射的方法。

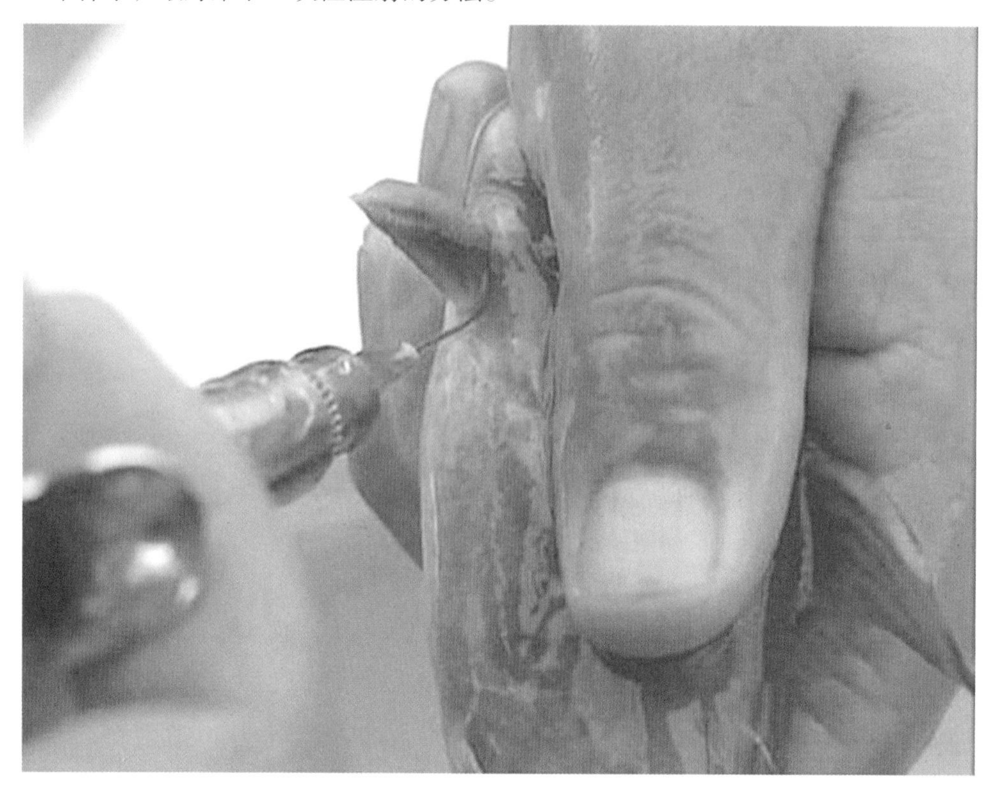

图 1-3　给黄颡鱼注射催产剂

4. 自然产卵

家鱼人工繁殖的环道、水泥池或在水体中架设的网箱均可作为黄颡鱼产卵和孵化的场所，在注射催产剂之前，需在其底部铺上聚乙烯网片等作鱼巢。催产后，将雌、雄鱼按 1∶1.2 的比例放入产卵池，让其自然产卵。在黄颡鱼发情前 3 ～ 4 小时冲水刺激亲鱼，开始发情时改为微流水，效果较好。

当到达效应时间以后（表 1-1），雄鱼追逐雌鱼，雌鱼钻到水底的鱼巢上产卵，雄鱼接着射精，受精卵黏附在鱼巢上。当产过一批卵后，雌鱼和雄鱼静止在一起约 1 小时，然后再产卵再射精，这样反复进行 2 ～ 4 次。待大部分亲鱼产完卵后，可移出亲鱼，让受精卵在产卵池中孵化，或将鱼巢移到另外的池中孵化。受精卵必须在 10 mg/L 的高锰酸钾溶液或其他预防水霉病的药液中浸泡 10 ～ 15 分钟。

表 1-1　催产水温与效应时间的关系

水温（℃）	两次注射（小时）	一次注射（小时）	发情至受精时长（小时）
19 ~ 22	38 ~ 32	35 ~ 30	3 ~ 4
23 ~ 25	30 ~ 28	30 ~ 26	2 ~ 3
26 ~ 28	23 ~ 21	20 ~ 18	2
29 ~ 30	18 ~ 16	10 ~ 8	1 ~ 2

5. 人工授精

人工授精的方法是将注射过催产剂的亲鱼放入池中，到达效应时间时，剖开雄鱼腹腔，取出精巢（如果精巢饱满，呈乳白色，剪破精巢马上有精液流出，放在水中精液立即分散开来，说明雄鱼成熟好）放入研钵中剪碎、研磨，加入适量0.7% 生理盐水，同时擦干雌鱼体表的水分，将卵挤入干燥的盆中，挤出的卵达一定的量后，迅速将制备好的精液倒入盆中，让精卵充分混合接触，最后将受精卵均匀铺在鱼巢上，放入池中进行孵化（图 1-4 至图 1-8）。鱼巢最好采用筛绢网片制作，用 8 号铁线做成 50 cm × 40 cm 的长方形框架，缝上 80 ～ 100 目的筛绢布（尽量拉紧拉平筛绢布）制成筛绢网片，每次使用过后，清洗干净并晒干，可用 10 多年。

图 1-4　检查黄颡鱼是否可以进行人工授精

图 1-5 人工挤卵

图 1-6 剪碎精巢并研磨

图 1-7　人工授精。将精液稀释液倒入盛卵的盆中，进行人工授精

图 1-8　将受精卵均匀铺在鱼巢上

6. 自然受精与人工授精效果比较

自然受精的效果好于人工授精。人工授精有几个缺点：一是黄颡鱼个体小，人工授精劳动强度大；二是人工授精时间长，有时采卵不及时会造成卵子过熟而失去受精能力；三是操作过程中会影响其他鱼的发情；四是人工挤出的鱼卵有些成熟程度不够会影响受精；五是雄性亲鱼被批量杀死以取出精巢，增加人工繁殖的成本。黄颡鱼鱼苗生产应根据具体情况选择人工繁殖，早期水温低和晚期水温高，可采取人工控温的方法进行人工催产和人工授精。当水温低于 18℃时，通过加温并控温在 25℃左右，进行黄颡鱼的早期人工繁殖。7 月以后，水温 30℃以上时可通过空调降温。黄颡鱼繁殖盛期在 5 月中旬至 6 月上旬，此时是进行黄颡鱼大规模人工催产自然产卵的最好时机。

四、孵化及注意事项

1. 孵化

孵化方法有 3 种。

（1）将注射了催产剂的亲鱼放入已准备好鱼巢的流水水泥池中，待亲鱼产完卵后，将亲鱼捞出，将受精卵留在原池中孵化。

（2）将在人工催产自然产卵的水泥池中粘有受精卵的鱼巢取出，再将鱼巢（包括采取人工授精获得的粘有受精卵的鱼巢）悬挂在有微流水的水泥池中（或孵化桶中）孵化，水泥池面积为 10 ～ 20 m^2，池深 0.8 ～ 1.0 m，水深 0.6 ～ 0.8 m（孵化桶的体积约为 1 m^3），最好开增氧泵充氧孵化（在大批量生产黄颡鱼鱼苗时多采用此方法，

图 1-9 在水池中充氧孵化鱼苗

图 1–9 至图 1–11）。鱼巢和受精卵在鱼苗出膜前，每隔 24 小时用 10 mg/L 的亚甲基蓝浸泡 3 ～ 5 分钟，预防水霉病，提高孵化率。当鱼苗出膜后，大部分鱼苗喜欢附着在鱼巢上，宜轻轻抖动鱼巢，待大部分鱼苗离开鱼巢后，才能移走鱼巢。

图 1–10　在水池中充氧孵化鱼苗（电热棒加热）

图 1–11　充气机（空压机）

（3）将受精卵进行脱黏处理，方法是将黄泥与水搅拌成浓稠状的黄泥浆，用40目的筛绢布过滤出沙石等杂物，将滤出的黄泥浆稀释成糊状的泥浆水备用。将人工授精获得的受精卵缓慢倒入盛有泥浆水的盆中，搅拌3～4分钟，脱去黏性，再倒入40目的网中，洗去泥浆，即可获得无黏性的晶亮受精卵，以40万～60万粒/m^3的密度将受精卵倒入孵化桶中进行微流水孵化，在孵化桶中充气使受精卵浮在水中不下沉（图1–12至图1–16）。该方法又称气浮式孵化，适用于大规模的黄颡鱼鱼苗生产。

图1–12　制作泥浆

图1–13　受精卵在黄泥浆水中脱黏

图1–14　洗去黄泥浆

图 1-15　获得脱黏的受精卵

图 1-16　气浮式孵化黄颡鱼鱼苗

2. 注意事项

（1）孵化用水的溶氧量不应低于 5 mg/L，最好经常保持在 6 ～ 8 mg/L，可开增氧泵满足受精卵对溶氧的需要。

（2）黄颡鱼孵化用水一定要清新，无任何污染及有毒物质。孵化用水的 pH 值为 7 ～ 8，过酸或过碱都不利于孵化。卵膜的主要成分是蛋白质，可溶于弱碱性溶液中，如果水体偏碱性，会使卵膜全部溶解，造成胚胎大量死亡。此外，胚胎在代谢过程中要排出二氧化碳和有毒的含氮物质，当其超过一定浓度时，会直接阻碍胚胎发育，故应采取微流水孵化。

（3）浮游动物中的枝角类和桡足类等甲壳动物生长繁殖很快，它们不但消耗氧气，而且会危害受精卵及鱼苗，必须加以拦滤。同时注意遮阳，防止紫外线直射而损害受精卵。

（4）采用微流水加开增氧泵的方式孵化效果好。刚出膜的鱼苗身体特别纤细，卵黄囊较大，在流水的冲击下，鱼苗的身体很容易与卵黄囊分离，造成鱼苗死亡，所以出膜后必须采取静水孵化或微流水孵化，但要不间断地开动增氧泵增氧。

（5）黄颡鱼在水温 18 ～ 30℃时均可孵化，21 ～ 29℃的水温适宜大规模生产，最佳水温为 23 ～ 28℃。当水温超过 30℃时易出现畸形苗，当水温低于 18℃时易生长水霉，孵化率都较低。黄颡鱼鱼苗出膜时间与水温的关系见表 1–2。

表 1–2 黄颡鱼鱼苗出膜时间与水温的关系

孵化水温（℃）	受精卵孵出鱼苗时间（小时）	孵化率（%）
18 ～ 21	90 ～ 97	79
22 ～ 25	60 ～ 70	83
25 ～ 27	55 ～ 60	87
28 ～ 30	50 ～ 56	76

第四节 黄颡鱼鱼苗培育技术

一、池塘条件

鱼苗池面积（3 ～ 5）× 667 m^2，最好东西走向，长方形，光照充足，池底平坦，或略向排水口倾斜，以利于干池捕鱼，淤泥厚 5 ～ 10 cm，排灌方便。养殖用水符合渔业用水标准，养殖用水以含氧量高、水质良好、无污染的江河水、湖泊水、水库水、温泉水等为好；一些水源紧张的地区，也可使用地下水作为养鱼池的水源，但要经过曝晒，以升温和增氧；一些工厂（如电厂、平板玻璃厂等）排放的无污染的废水，也可养鱼。安装增氧机，配备发电机以防停电。

二、池塘清整与消毒

放苗前，彻底清除池塘周边的杂草和池塘内的杂物，维修进、排水口，做好防洪、防逃准备工作。池内留水深 10 cm，用生石灰清塘，每 667 m^2 用量为 75 ～ 100 kg，溶水后全池遍洒；或用漂白粉清塘，每 667 m^2 用量为 20 kg，溶水后全池遍洒；或用生石灰与茶麸混合清塘，生石灰每 667 m^2 用量为 50 ～ 75 kg，溶水后全池遍洒，茶麸每 667 m^2 用量为 40 ～ 50 kg，将茶麸打碎成小块，提前 24 小时浸泡，遍洒生石灰后接着遍洒茶麸，彻底杀灭池内的有害生物。

三、进水培养基础饵料生物

清塘后第二至第三天，施放经发酵的有机肥（猪粪或鸡粪）培育饵料生物（轮虫、枝角类等），每 667 m^2 用量为 100 ～ 150 kg，或每 667 m^2 施放生物肥 2 ～ 3 kg 或氮、磷、钾复合肥 2 ～ 3 kg，同时向池塘注水至 40 ～ 50 cm 深，鱼苗浅水下塘，初夏时水温易升高，还可以提高水中饵料生物的密度，使个体小、活动能力不强的鱼苗相对较容易获得食物。水温在 25 ～ 32℃，正常情况下，施肥后 7 天左右饵料生物就会培养起来，池塘水色以黄绿色、茶褐色为好，施肥后每天要注意观察水色，以确定是否需要追肥，同时每天要用 120 目的筛绢小抄网捞取水中的饵料生物，用解剖镜或 40 倍的显微镜观察饵料生物的种类、密度，要求在轮虫高峰期（每升水体中含轮虫 8000 ～ 10000 个）时放苗下塘。

四、鱼苗放养

1. 鱼苗质量的鉴别

鱼苗质量的好坏直接影响鱼苗的成活率，体质好的鱼苗表现为体色鲜艳，体形肥壮均匀，规格整齐，放在白盆中可见游动活泼。鉴别方法见表 1–3。

表 1–3　黄颡鱼鱼苗体质鉴别法

鉴别项目	优质鱼苗	劣质鱼苗
看体色	体表光滑，无附着物或病变特征，体侧有 3 块明显可见的斑纹	体色暗淡，体表无光泽
看游动	搅动盛有鱼苗的盆（桶）水，鱼苗在漩涡边缘逆水游动；在培育池中集群游动	搅动盛有鱼苗的盆（桶）水，鱼苗会卷入漩涡；在培育池中不集群
抽样检查	吹动盛有鱼苗的白瓷盘中水面，鱼苗能顶风逆水游动；在干瓷盘中会剧烈挣扎	吹动盛有鱼苗的白瓷盘中水面，鱼苗顺水运动；在干瓷盘中无力挣扎，仅头尾能摆动

2. 鱼苗下塘前试水

试水的目的是确定池塘水中清塘药物的毒性是否消失，确保放养鱼苗的安全。试水的方法是大量放苗前24小时，在池塘下风处取水1桶或安装1个小网箱，在水桶或小网箱中放入10～20尾黄颡鱼鱼苗（或鲢、鳙鱼苗），24小时后，如果鱼苗安然无恙，就可以大量投放黄颡鱼鱼苗。

3. 鱼苗下塘前拉空网

清塘后放苗前，池塘中会出现鱼苗的敌害生物如水蛇、青蛙、蝌蚪、水蜈蚣、松藻虫等，放苗前用密网在池塘中拉网2～3遍，清除鱼苗的敌害生物，尽量减少它们对鱼苗的危害。

4. 鱼苗放养密度

要求放养的黄颡鱼鱼苗卵黄囊已消失并能水平游动，投喂过开口料，最好是投喂丰年虫、轮虫、小型枝角类浮游动物，也可投喂熟鸡蛋黄或熟鸭蛋黄颗粒。放养密度为15万～20万尾/667 m^2。

五、饲养管理

1. 做好放苗工作

（1）缓苗。外购的鱼苗一般用塑料袋充氧装运，在入池前应先将鱼苗袋缓慢放入事先安置在鱼池中的网箱内漂浮20～30分钟，待袋内水温与池内水温一致再打开袋口，将少量池水加入袋内，使池水与袋内的水逐渐混合，5～10分钟后再将鱼苗带水一起缓慢倒入网箱内（倒鱼时袋口紧贴水面），借此调节水的温差，使鱼苗适应氧气袋内外气压的改变，称之为“缓苗”。

（2）鱼苗饱食下塘。由于池塘水体大，鱼苗觅食困难，在鱼苗下塘前喂1～2次熟蛋黄（每10万尾鱼苗喂1个熟鸡蛋黄或熟鸭蛋黄，用纱布包裹蛋黄后揉搓，在水中抖动，使蛋黄颗粒悬浮水中）或饲料酵母，如能捞取轮虫（或孵化丰年虫）投喂更理想，有利于提高鱼苗的成活率。

（3）放苗。同一池塘应放养规格一致的同种鱼苗，选择晴天，在池塘上风处或较深水处缓慢放苗。

2. 饲料投喂

方法一：鱼苗下塘后5～7天内，池塘中有大量轮虫等活性饵料供黄颡鱼鱼苗摄食；鱼苗下塘5～7天后，池塘中的轮虫、枝角类等活性饵料逐渐减少，应及时投喂粉状的人工配合饲料，每天投喂量为鱼苗总重量的30%～40%，开始时每天投喂4～5次，以后逐渐改为每天投喂3次，沿池塘四周均匀撒入池中。当鱼苗长到2 cm以上时，把粉状料改为经破碎并带粉末状微粒、粗蛋白质含量为35%以上的浮性人工配合饲料，并将饲料投放到定点设置的饲料框中（饲料框为用空心聚乙烯管、竹竿或木杆做成的方形框架），每天投喂量为鱼苗总重量的 15% ～ 20%，每天投喂 3 次。每次具体的投喂量可根据黄颡鱼的吃食情况、天气状况、水温及水质状况来确定，一般以鱼苗在 20 ～ 30 分钟吃完为准。

方法二：鱼苗下塘 5 ～ 7 天后，池塘中的轮虫、枝角类等活性饵料逐渐减少，可向池塘泼洒豆浆，每万尾鱼苗每天用黄豆 0.1 ～ 0.2 kg，经浸泡磨成浆，每天泼洒 1 次，豆浆一部分被鱼苗吃掉，一部分用来培肥水质。当鱼苗长到 2 cm 以上时，用黄颡鱼专用饲料或甲鱼料捏成团对鱼苗进行驯食，要求饲料中蛋白质含量在 35% ～ 45%，粗脂肪含量为 5% ～ 8%。每天 18 时将捏成团的饲料放到水面下 20 ～ 30 cm 的饲料框中，投喂量根据鱼苗的吃食情况调整，如全部吃完，第二天就多喂些，如果有剩余，第二天就少喂些，一般 3 ～ 5 天驯食完毕就可以直接投喂破碎料。驯化后可以逐渐过渡到用投饲机投喂，每天投喂 3 次，7 时、14 时、20 时各投喂 1 次，白天投喂量占全天投喂量的 30% 以上，晚上占 60% 以上，每天的具体投喂量根据鱼苗的吃食情况灵活调整。

3. 水质管理

鱼苗下塘时的水深以 40 ～ 50 cm 为宜，以后每隔 3 ～ 4 天加新水 1 次，每次加新水 10 ～ 20 cm，必要时换去部分旧水，保持池水透明度为 25 ～ 30 cm，保证水质清新，溶氧充足，防止鱼苗缺氧浮头，最终水深可达 1.5 m 左右。

4. 日常管理

坚持每天早、晚巡塘，仔细观察鱼苗的活动情况以及水质变化，及时加入新水，或追施生物肥，培养天然饵料；检查饲料台（框）内剩料情况，调整投喂量；及时打捞死鱼、杂物等，做好防病治病工作；并做好养殖日志。

一般经过 20 ～ 25 天的强化培育，鱼苗规格可达到 3 cm。

第五节 黄颡鱼成鱼养殖技术

黄颡鱼的成鱼饲养是指将 3 ～ 5 cm 的鱼苗养成 100 g 以上的商品鱼。黄颡鱼的成鱼饲养有池塘主养、池塘套养、网箱养殖、流水养殖等方式。

一、池塘主养

1. 池塘条件

池塘面积以（5 ～ 10）×667 m^2 为宜，水深 1.5 ～ 2.5 m，靠近排水口处挖一个 50 m^2 的集鱼坑。底部平坦，以泥沙底最好，淤泥厚 10 cm 以下，池埂不漏水。水源方便，水质条件好。进水口要严防鲤鱼、鲫鱼和敌害生物入池，用 80 目的筛绢布袋拦滤进水，排水口安装防逃设施。配备增氧机、投饲机和抽水机。

2. 池塘清整与消毒

同黄颡鱼鱼苗培育技术。

3. 鱼苗放养

一般每 667 m^2 放养 3 cm 以上的鱼苗 10000 ～ 12000 尾，或放养 5 cm 以上的鱼苗 5000 ～ 8000 尾，在配备有增氧机、注排水方便、饲料供应充足的精养池塘中，可放养至 12000 尾。当鱼苗长到 7 ～ 8 cm 后，水质已变肥，这时按每 667 m^2 投放 6 ～ 7 cm 的鲢、鳙鱼苗 200 尾（鲢：鳙 = 1：3），以调节水质。鱼苗下塘前，用 3% 食盐水或 15 mg/L 高锰酸钾溶液浸浴消毒 10 ～ 15 分钟。

4. 饲料与投喂

投喂黄颡鱼成鱼饲料，要求饲料中蛋白质含量在 38% 以上，粗脂肪含量为 6% 左右。要对鱼苗进行驯食，一般在投饲机附近手撒成鱼饲料，经 2 ～ 3 天驯化后，就可以过渡到用投饲机投喂。

要坚持“四定”（定时、定点、定质、定量）的投喂原则，一般每天投喂 3 次，8 时、15 时、20 时各投喂 1 次，白天投喂量占全天投喂量的 30% 以上，晚上占 60% 以上。每天的具体投喂量根据季节、天气、水质、鱼的活动情况以及前次的吃食情况灵活调整，当 80% 的鱼吃饱离去即可停喂。更换饲料或增加饲料应该循序渐进，平稳过渡。

全年饲养过程分 3 个阶段，5 ～ 6 月每天投喂 3 次，日投喂量占全池鱼重量的 3% ～ 5%；7 ～ 9 月每天投喂 3 次，日投喂量占全池鱼重量的 2% ～ 3%；10 月以后每天投喂 2 次，只在早晨（7 时）和傍晚（18 时）投喂，日投喂量占全池鱼重量的 2%。

5. 日常管理

（1）坚持科学投喂，保证鱼每天能摄食充足的食物。

（2）加强水质管理，保持水质清新，溶氧充足，合理使用增氧机，防止因缺氧导致池鱼浮头。

①鱼苗下塘的前 1 个月，池塘水深应保持在 1.5 m 左右，随着鱼体的长大要逐步加深到 2.0 ～ 2.5 m，高温季节，每 7 ～ 10 天换水 1 次，每次换水 15 ～ 30 cm；根据天气和水质变化情况，在凌晨和午后开动增氧机，给池水增氧，保持池水溶氧量在 3 mg/L 以上。

②每月用生石灰化水全池遍洒 1 次，生石灰用量为 20 g/m^3，每隔 15 天在投饲机和增氧机附近用 2 kg 漂白粉或 5 kg 生石灰化水泼洒 1 次，进行局部消毒，保持池水 pH 值为 7 ～ 8.4。

③高温季节，可使用微生态制剂改善水质，但要注意使用消毒、杀菌药物的前后 3 天避免使用微生态制剂，以免影响微生态制剂的效果。

（3）勤巡塘、勤捞死鱼（远离池塘深埋死鱼）、勤除杂草、勤做记录。

经过 3 ～ 4 个月的饲养，鱼个体重达 150 ～ 200 g 可捕捞上市。

二、池塘套养

黄颡鱼可以在饲养其他鱼的池塘中套养，方法有2种，一种是在常规饲养塘中直接套养2～3 cm的鱼苗，放养密度每667 m^2为300尾左右，不投专用的黄颡鱼饲料；另一种是在常规饲养塘中套养2～3 cm的鱼苗，放养密度每667 m^2为500～600尾，池塘中不放养鲤鱼、鲫鱼，投喂黄颡鱼专用饲料。

1. 池塘条件

套养黄颡鱼的池塘要求水质无污染，pH值为7～8.5，溶氧量在4 mg/L以上，天然饵料较丰富，池塘设有防逃设备。

2. 套养管理

保持池水溶氧量在4 mg/L以上，防止黄颡鱼逃跑。在防治其他鱼类疾病时，避免影响黄颡鱼的正常生长。黄颡鱼个体未达到100 g以上时，禁止钓鱼，避免黄颡鱼上钩。

3. 注意事项

（1）保持水体有较高的溶氧量。黄颡鱼对池水溶氧量要求较高，故混养时要求水质清新，溶氧充足，生长季节要适时加注新水，高温季节要勤换水，保持微流水则更好。

（2）保持合理的放养密度和放养规格。根据水体饵料生物量，科学合理地确定混养比例和放养规格。若密度过大，规格过小，养到年底，黄颡鱼仍达不到上市规格。

（3）不宜混养其他肉食性鱼类，淡水沼虾、淡水螯虾的养殖池中不宜混养黄颡鱼。

（4）注意饲料投喂。养殖过程中，如发现黄颡鱼规格过小，说明鱼池中天然饵料生物量不足，要投喂人工配制的专用黄颡鱼饲料。投喂人工饲料时，应先投喂主养品种（投入浅水区），后投喂黄颡鱼（投入深水区）。黄颡鱼有昼伏夜出的生活习性，投喂应以夜间为主。

三、网箱养殖

1. 水域选择

（1）水域环境。最好选择在水库上游的河流入口处或者水库大坝下的宽阔的河道中，这样的水域水质清新，透明度高，溶氧丰富，pH值为7～8，适宜网箱高密度养殖。水质良好的江河、湖泊也可以设置网箱。

（2）水流和风浪。水流和风浪能促进网箱内外水体的交换，改善箱内水环境。养殖黄颡鱼的水域以水流速0.1～0.2 m/s、风力不超过5级的淌水处为好。

（3）水深、底质和离岸距离。水深应在3 m以上，底部平坦无杂物，离岸相对较近。水深2 m的湖泊可设置固定网箱。

（4）风向、日照。网箱养殖主要在 4 ～ 11 月进行，一般将网箱设置在水库的东南面或东北面，这样日照时间也较长。

（5）交通方便，便于饲料、鱼苗和其他物资的运输。

2. 网箱结构

（1）网箱规格。网箱规格随投放鱼苗的规格而定，放养 2 cm 左右的鱼苗，要准备 1 ～ 3 级网箱。一级网箱为 20 目网布制成，规格为 2 m×1.5 m×1.5 m 或 3 m×2 m×1.5 m；二级网箱网目为 0.4 ～ 0.5 cm，规格为 2 m×1.5 m×1.5 m 或 2 m×2 m×1.5 m；三级网箱网目为 1 cm 或 1.5 ～ 2 cm，规格为 4 m×4 m×2 m 或 5 m×5 m×2.5 m。鱼苗箱为敞口式，成鱼箱为双层封闭式，外层箱网目 2 ～ 2.5 cm。网片均采用经编无结聚乙烯网布。

（2）网箱设置。

①箱架。固定式网箱一般用毛竹做箱架，浮动式网箱可用杉木、铁架、废油桶（最好外涂防锈漆）、泡沫浮子等制作箱架。箱架周长一般比网箱周长长 0.5 ～ 1 m，箱间距 2 ～ 3 m。

②网箱的布局。网箱少时，可以呈一字形排开；网箱多时，可呈品字形或非字形排列，也可呈梅花形排列。

③安装。安装固定式网箱时，根据网箱规格打下固定桩，将网箱依次挂在固定桩上，在箱底装上沉子，让网衣伸展。安装浮式网箱时，将网箱露出水面的四角依次挂系在箱架四角上，在箱底装上沉子，让网衣伸展，箱架上系上铁锚，将铁锚沉入水中固定网箱，系锚的绳子应考虑水位变化，绳子不宜过长，否则固定不住网箱，也不可过短，否则铁锚沉不到水底。必要时，还要搭盖工作房，供值班、存放饲料及网具等。

3. 网箱饲养的生产流程

5 月，将长 2 cm 的鱼苗在 2 m×1.5 m×1.5 m 的网箱中培育到 3 ～ 4 cm，主要投喂浮游动物和水蚯蚓等；6 月，把 3 ～ 4 cm 的鱼苗转入网目为 0.4 ～ 0.5 cm 的网箱中培育，改喂幼鱼饲料，待长到 5 ～ 6 cm 后，转入成鱼箱中饲养，进行 1 级成鱼饲养；7 月左右，将鱼转入内箱网目为 1 cm、外箱网目为 2 cm 的成鱼箱中饲养，投喂成鱼饲料，进行 2 级成鱼饲养；11 月中旬，养成尾重 100 ～ 150 g 的商品鱼，这时成鱼箱内箱网目为 1.5 ～ 2 cm、外箱网目为 2 ～ 3 cm，投喂成鱼饲料。

（1）放养密度。目前，黄颡鱼养殖多采用 4 级饲养。第一级从 2 cm 养至 4 cm，放养密度为 2000 ～ 3000 尾 / m^2；第二级从 4 cm 饲养至 5 ～ 6 cm，放养密度为 1500 ～ 2000 尾 / m^2；第三级从 6 cm 左右养至 8 cm，放养密度为 500 ～ 600 尾 / m^2；第四级从 8 cm 养至上市，放养密度为 300 ～ 400 尾 / m^2。

（2）投饲。在网箱底部设 1 个投料食台，当鱼开始转食饲料后，将饲料投在食台上，采取少量多次投喂法。投喂量根据天气、水温、鱼的吃食情况等灵活掌握，每次投喂30分钟左右。投喂团状饲料采用一次沉入法，投喂颗粒饲料用手撒。每天投喂4～6次，上午投喂次数少，下午投喂次数多。在水温20～30℃时，按鱼体重的4%～5%投喂。

（3）管理。网箱饲养管理的重要工作就是维护网箱。每天早晚检查网箱是否破损，尤其是水面下30 cm处，易被水老鼠、鳖咬噬，应特别注意检查。在洪水或枯水时，注意根据水位变化调整网箱的入水深度。网箱在水中长时间浸泡，易被藻类和污物附着，堵塞网目，应定期清洗网箱或更换网布。当箱内苗种达到一定规格后，个体长差异较大，应及时过筛分箱，避免小规格鱼生长不良。注意做好网箱饲养日志，及时总结经验。

在管理中注意观察鱼情，加强鱼病防治。当鱼达到商品规格后，及时起捕上市。

四、流水养殖

黄颡鱼是一种适合集约化养殖的鱼类，在有自然落差或工厂余热水的池塘、水泥池中均可以采用流水养殖，目前产量已达到30～50 kg/m^3。

1. 流水池条件

可以在长方形水泥池或小型池塘中饲养。水从一端流入，从另一端流出。池子大小均可。流水的溶氧量必须大于5 mg/L。

2. 鱼苗放养

流水池一般放养5 cm以上的鱼苗，放养量为300～400尾/m^3。鱼苗投放前用3%食盐水浸浴15分钟。

3. 饲料及投喂

流水饲养一般投喂人工配合饲料。要求饲料蛋白质含量为40%～48%。按每10 m^{2}水面搭设1个1.5 m^{2}的投料台，投料台离池底5～10 cm。水温在12～18℃时，投喂量占鱼体总重的2.5%；水温在18～25℃时，投喂量占鱼体总重量的3%～3.5%；水温在25～30℃时，投喂量占鱼体总重量的4%～5%。投喂时早晚多喂，中午光照较强时少喂。

4. 日常管理

所用的水源不能被污染，溶氧量必须保持在5 mg/L以上，pH值7～8。投喂的饲料不能过剩，避免败坏水质。定期防治鱼病。当鱼的负载超过30 kg/m^{3}时，应及时起捕上市或者分池饲养。

第六节　黄颡鱼疾病防治技术

随着黄颡鱼养殖规模的不断扩大，放养密度不断增加，单位面积产量不断提高，黄颡鱼的疾病也逐渐增多，严重制约黄颡鱼养殖的发展，做好黄颡鱼疾病防治工作显得尤为重要。用药防治要注意：黄颡鱼为无鳞鱼，对药物的耐受力不及常见养殖鱼类，所以用药一定要咨询技术人员，力求做到所用药物种类正确、浓度适宜、用量准确、时间恰当、方法科学；黄颡鱼对硫酸铜、高锰酸钾、敌百虫等药物比较敏感，尤其要慎用。

一、"一点红"病

1. 症状

该病由鲇鱼爱德华氏菌感染引起，是近年来出现的危害很大的新型暴发性传染病，以黄颡鱼头顶部充血、发红，甚至穿孔露出脑组织为主要特征。在发病初期病鱼无明显的临床表现，严重时在颅骨正上方形成1条带状突起或出血性溃疡带，头顶穿孔，头盖骨裂开，甚至露出脑组织，因此，有些地方的养殖户又称该病为"红头病""红头顶病""红脑门病"等。病鱼在临死前身体失去平衡，出现头朝上、尾朝下悬垂于水中的特殊姿势，并伴有阵发性痉挛、旋转性侧游、打转等现象。该病多发生于春、夏、秋养殖季节，特别是阴雨天，预防工作没做好，水体中车轮虫等寄生虫和致病菌大量繁殖时发病严重。鱼苗池和成鱼池都有该病发生，危害性大。

2. 防治方法

（1）预防措施：调控水质，定期用生石灰或漂白粉化水消毒投饵区；杀灭水体寄生虫；在疾病流行季节，适当延长增氧机的开机时间，以增加水体溶氧量，同时在饲料中添加强力霉素，每千克鱼体重用药量为50 mg，连续投喂3～5天预防该病。

（2）治疗方法：①全池泼洒0.5 mg/L聚维酮碘等碘制剂，投喂复方新诺明药饵，每千克鱼体重用药量为50 mg，每天1次，连喂3～5天，首次用量加倍。②如并发车轮虫病，第一至第二天全池遍洒0.5 mg/L的硫酸铜和0.2 mg/L的硫酸亚铁合剂，同时投喂复方新诺明药饵，每千克鱼体重用药量为50 mg，每天1次，连喂3～5天，首次用量加倍，第三天全池遍洒0.5 mg/L的强氯精或二氧化氯。

二、出血性水肿病

1. 症状

该病由细菌感染引起。病鱼体表泛黄，黏液增多；头部充血，背鳍肿大，胸鳍与腹鳍基部充血，鳍条溃烂，甚至自胸鳍到腹鳍间的腹部纵裂，胆汁外渗；咽部皮肤破损、充血呈圆形孔洞；腹部膨大，肛门红肿、外翻；腹腔淤积大量血水或黄色冻胶状物，胃、肠内没有食物，胃苍白，肠内充满黄色脓液，肝脏土黄色，脾脏坏死，肾脏上有霉黑点。该病危害鱼苗和成鱼，在鱼苗培育过程中致死率高达80%。高温季节，该病暴发迅猛，蔓延快。

2. 防治方法

（1）预防措施：加强饲养期间的水质调节，保持池水溶氧量在 5 mg/L 以上；夏季高温季节定期加注新水，及时开启增氧机；适当降低放养密度；加强管理，勤捞残渣剩饵。

（2）治疗方法：全池泼洒 0.4 ～ 0.5 mg/L 的强氯精；投喂四环素药饵，每千克鱼体重用药量为 50 mg，每天 1 次，连喂 3 天。在投喂鱼肉浆时，每天定量添加 1% 食盐和维生素 C。

三、烂鳃病

1. 症状

该病由柱状屈桡杆菌感染引起。病鱼体色发黑，离群独游，游动缓慢，少食或停食；体表无异常，检查鱼鳃可见鳃丝腐烂，并分泌大量黏液，病重时鳃丝上附有污物，在显微镜下观察，可见大量细长、滑行的杆菌，有些菌体聚集成柱状。鱼苗和成鱼都可发病，4 ～ 6 月为该病流行的高峰期。

2. 防治方法

（1）预防措施：做好清塘消毒工作，控制放养密度，鱼苗放养前用 2% ～ 3% 食盐水浸浴消毒 5 ～ 10 分钟。

（2）治疗方法：全池泼洒 0.3 ～ 0.5 mg/L 的二氧化氯，每天 1 次，连用 2 ～ 3 天。

四、肠炎病

1. 症状

该病由点状产气单胞菌感染引起。病鱼离群独游，游动迟缓，食欲下降，易被捕捉；严重时腹部膨大，肛门红肿、外突，将病鱼头部拎起，有淡黄色黏液从肛门流出；剖开鱼腹可见大量淡黄色积水，肠内无食物，肠壁充血发炎。致病菌可能来自底层淤泥、鱼摄食的浮游动物、水蚯蚓以及鱼肉浆。该病主要危害成鱼、亲鱼，流行于 6 ～ 9 月，水温为 25 ～ 30℃。

2. 防治方法

（1）预防措施：加强饲养管理，不投喂腐烂、变质、发霉的饲料；经常开动增氧机，定期加注清水，定期全池泼洒 20 mg/L 的生石灰水，保持水质肥爽清新；在夏季加深水位，使水温不过高；在发病季节，投喂大蒜或大蒜素药饵，每千克鱼体重投喂大蒜 10 ～ 30 g 或大蒜素粉（含大蒜素 10%）2 g，每 15 天投喂 1 次。

（2）治疗方法：全池遍洒 0.5 mg/L 的强氯精或二氧化氯，投喂复方新诺明药饵，每千克鱼体重用药量为 50 mg，每天 1 次，连喂 3 ～ 5 天，首次用量加倍；或投喂土霉素药饵，每千克鱼体重用药量为 20 ～ 30 mg，每天 1 次，连喂 3 ～ 5 天。

五、水霉病

1. 症状

该病由水霉菌感染引起。水霉菌初寄生时，肉眼看不出异状，当肉眼能看到异状时，菌丝已侵入伤口并蔓延扩散，似灰白色的棉絮状附着物。病鱼游泳失常，焦躁不安，直到肌肉腐烂，失去食欲，瘦弱而死。若鱼卵上布满菌丝，则变成白色绒球状，霉卵成为死卵。该病多因在拉网、转池、运输过程中操作不当引起。该病严重危害孵化中的鱼卵和体表带有伤口的鱼苗和成鱼，一年四季均可流行，以早春、晚冬最常见，在水温低时最易发生。

2. 防治方法

（1）预防措施：清除池底过多淤泥，使用生石灰彻底清塘；在放养、捕捞、运输过程中小心操作，避免损伤鱼体；掌握合理的放养密度；鱼苗下塘前用2%～3%食盐水浸浴消毒5～10分钟；全池泼洒2 mg/L亚甲基蓝溶液，2天后再泼洒1次。受精卵在孵化前要严格消毒，孵化水温最好控制在26～28℃，孵化过程中还要对受精卵再次消毒。

（2）治疗方法：用0.15～0.3 mg/L的水霉净全池泼洒；或用2～3 mg/L亚甲基蓝溶液全池泼洒，隔2天泼洒1次。

六、鳃霉病

1. 症状

该病由鳃霉菌在鳃组织中寄生引起。病鱼鳃上黏液增多，有出血、淤血或缺血的斑点，呈花鳃状；病重时，鱼高度贫血，整个鳃呈青灰色。该病极易被误诊为细菌性烂鳃病，必须借助显微镜观察来诊断。黄颡鱼对该病十分敏感，该病5～10月为流行季节，尤以5～7月为甚。当水质恶化，特别是水中有机质含量较高时，容易暴发该病，在几天内可引起病鱼大批死亡。

2. 防治方法

（1）预防措施：清除池中过多淤泥，用200 mg/L生石灰水或25 mg/L的漂白粉溶液消毒；平时应注意调节好水质，及时捞除残饵，降低水中有机质含量，提高水体透明度。

（2）治疗方法：全池遍洒1 mg/L漂白粉；适时冲注新水，降低池水有机物的浓度，保持水质的清新；下次放养前必须彻底清淤，使用生石灰彻底清塘，杀灭水中和底泥中残留的菌丝和孢子。

七、车轮虫病

1. 症状

该病由车轮虫寄生引起。车轮虫大量寄生时易导致鳃、皮肤黏液增多，鳃丝充血，体表有出血小点，病鱼表现为焦躁不安，严重时沿塘边狂游，呈“跑马”

现象；鱼体消瘦，体色加深，喜在池边或池底摩擦。镜检病鱼的鳃丝和皮肤上的黏液，可见大量车轮虫。该病主要危害黄颡鱼鱼苗，多发生于春末秋初。

2. 防治方法

（1）预防措施：放养前彻底清塘，并保持水质良好；选择合理的放养密度；鱼种放养前用3%食盐水浸浴5分钟。

（2）治疗方法：用0.5 mg/L硫酸铜和0.2 mg/L硫酸亚铁合剂溶液全池泼洒，隔3天使用1次，连用2～3次，可有效防治该病。

八、小瓜虫病

1. 症状

该病由多子小瓜虫寄生引起。病鱼焦躁不安，虫体寄生于体表、鳍条、鳃上，肉眼可见白色小点状胞囊，严重时体表似覆盖一层白色薄膜；虫体如侵入眼角膜，则引起发炎变瞎，最终病鱼因运动失调、呼吸困难而死亡。镜检病鱼的鳃丝和皮肤黏液，可见大量小瓜虫。当过度密养、饵料不足、鱼体瘦弱时，鱼体易被小瓜虫寄生。该病主要危害鱼苗，对成鱼危害小。小瓜虫适宜的繁殖水温为15～25℃，故该病流行于初冬和春末，夏季一般发病少。

2. 防治方法

（1）预防措施：鱼苗放养前，用生石灰彻底清塘；鱼苗下塘前抽样检查，如发现有小瓜虫寄生，应采用药物药浴；加强饲养管理，保持良好的生活环境，增强鱼体抗病力。

（2）治疗方法：用200～250 mg/L冰醋酸溶液浸洗病鱼15分钟；或用2 mg/L亚甲基蓝溶液全池遍洒，连用2天；或用辣椒粉和干生姜煮沸半小时后全池泼洒，每立方米水体使用辣椒粉0.75 g、干生姜0.3 g。注意防治该病时不宜全池泼洒硫酸铜。

九、锚头鳋病

1. 症状

该病由锚头鳋寄生引起。发病初期，病鱼出现急躁不安、游动迟缓、鱼体消瘦等现象。寄生部位充血发炎，肿胀，出现红斑，肉眼可见锚头鳋寄生。锚头鳋在水温12～33℃均可繁殖，主要流行于4～6月。全国均有该病发生，具有感染率高、感染强度大、流行季节长的特点。

2. 防治方法

（1）预防措施：用生石灰彻底清塘、消毒；锚头鳋对寄主有选择性，可采用轮养法防止其发生。

（2）治疗方法：用1%阿维菌素溶液全池泼洒，每立方米水体用量为0.03 ml。

十、气泡病

1. 症状

该病由养殖水体中某种气体（如氧气、氮气等）过饱和而引起，主要危害鱼苗。病鱼体表、肠道中出现气泡，因气泡的浮力作用，鱼苗失去平衡，很难下沉，最初病鱼在水面挣扎游动，随着气泡的增大及体力的消耗，病鱼逐渐失去自由游动能力而浮在水面，不久即死亡。解剖可见肠道中有气泡，镜检可见血管内有大量气泡。气泡引起栓塞而死。

2. 防治方法

若用地下水养鱼必须先进行曝气处理，防止某种气体过饱和；鱼池局部遮阳，经常加注新水调节水质，使池水浮游植物的量适宜，光合作用适度，水体溶解氧不至于过饱和。若发现气泡病应立即加注新水；或全池泼洒 5 mg/L 食盐水；或每平方米用生石膏 1.5 g 捣碎成粉状，加入新鲜豆浆，充分混合后全池泼洒。

十一、机械损伤

1. 症状

黄颡鱼喜集群生活，其胸鳍和背鳍长有硬棘，硬棘后端有密集的锯齿状小齿，在生产操作（如捕捞、过秤、转池、网箱分养等）和长途运输中易造成鱼体皮肤擦伤、裂鳍等机械性损伤，继发细菌感染和霉菌感染，致皮肤溃疡、烂鳍、长水霉。

2. 防治方法

在捕捞、过秤、转池、网箱分养和运输中要小心操作。出苗时，在网箱暂养的时间不要过长，并尽可能降低网箱暂养的密度。可以在运输用水中适量添加土霉素、青霉素或链霉素，起杀菌防感染的作用；鱼苗入池或入网箱前要用 10 mg/L 高锰酸钾溶液或 3% 食盐水浸浴消毒 5 分钟。

十二、营养性疾病

1. 症状

该病由饲料中的营养成分过多或过少，饲料成分变质或能量不足而引起。常见症状有脂肪肝病、维生素缺乏症等，表现为病鱼肝脏肿大、肝脏颜色粉白或发黄、胆囊肿大、胆汁发黑、胰脏色淡等，会造成病鱼零星死亡。

2. 防治方法

改进饲料配方，提高饲料质量，适当增加维生素和无机盐的用量。

第二章 加州鲈健康养殖技术

第一节 加州鲈养殖概况

加州鲈又叫大口黑鲈 *Micropterus salmoides*，原产于美国加利福尼亚州密西西比河水域，是一种名贵的肉食性鱼类。因具有适温较广、适应性强、生长快、抗病力强、易起捕、养殖周期短等优点深受广大养殖者喜爱；又因其肉质紧实、味道鲜美、营养丰富、无肌间刺而深受消费者欢迎。

20 世纪 70 年代末，我国台湾从国外引进加州鲈并于 1983 年人工繁殖获得成功。广东省于 1983 年引进加州鲈鱼苗，并于 1985 年人工繁殖获得成功。经过 30 多年的发展，加州鲈养殖已经推广到全国各地，成为我国主要的淡水养殖品种。近年来，国内先后选育出优鲈 1 号、优鲈 2 号、优鲈 3 号，它们都具有生长速度快、畸形率低、抗病力更强、更易驯化摄食配合饲料等优点。

加州鲈养殖业已形成产业规模，实现高密度集约化养殖，并根据市场需求进行了明确的产业分工，养殖技术也达到了较高的水平。在广东，加州鲈成鱼的产量达 2500 ～ 3000 kg/667 m^2，有的甚至高达 4000 kg/667 m^2。

第二节 加州鲈生物学特性

一、形态特征

加州鲈属鲈形目太阳鱼科黑鲈属，根据地理分布和形态学方面的不同，分为 2 个亚种：一种是分布在美国中东部、墨西哥东北部和加拿大东南部的大口黑鲈北方亚种；另一种是分布在美国佛罗里达州南部的大口黑鲈佛罗里达亚种。经形态学和分子生物学技术鉴定确认，目前国内引进和养殖的为北方亚种。

加州鲈鱼体呈纺锤形，横切面为椭圆形。体高与体长比为 1：（3.5 ～ 4.2），头长与体长比为 1：（3.2 ～ 3.4）。头大且长。眼大，眼珠突出；吻长，口上位，口裂大而宽；颌骨、腭骨、犁骨都有完整的梳状齿，多而细小，大小一致。背肉肥厚。尾柄长且高。全身披灰银白或淡黄色细密鳞片，背部呈黑绿

色，体侧呈青绿色，同时沿侧线附近常有黑色斑纹。腹部灰白色，从吻端至尾鳍基部有排列成带状的黑斑（图 2–1）。在北美洲的自然水域，最大体长达 75 cm，体重 9 kg。

图 2–1　加州鲈

二、生活习性

加州鲈生存水温为 1 ～ 36℃，最适水温为 20 ～ 30℃。喜欢清新水质，尤其是缓慢流动的清新水体。在 pH 值 6 ～ 8.5、淡水或盐度 10 以下的咸淡水中均能生长。经人工养殖驯化，已适应稍肥沃的水质，正常生活要求溶氧量在 3 mg/L 以上。

三、食性与生长

加州鲈是以动物性食物为主的杂食性鱼类，掠食性强。在天然水域中，主要捕食各种水生昆虫、虾、小鱼和蝌蚪。人工饲养时，幼鱼阶段摄食浮游动物、摇蚊幼虫、水蚯蚓等；成鱼阶段，主要捕食各种小鱼、小虾、幼蛙、水生昆虫及幼体、家鱼苗、鱼肉或河蚌肉等，经驯化也摄食人工配合饲料。

加州鲈生长较快。刚出膜的仔鱼全长 3 mm，26 日龄幼鱼全长可达 33.8 mm，体重 0.51 g。在我国南方，当年 3 ～ 4 月孵出的鱼苗，养至春节期间体重可达 500 ～ 750 g。加州鲈以 1 ～ 2 龄生长最快，以后逐年减慢。

四、繁殖习性

加州鲈在我国南方池塘强化饲养条件下，1 冬龄性成熟，繁殖季节为 3 ～ 6 月，水温为 15 ～ 26℃。在池塘中可自然产卵繁殖，有挖窝筑巢产卵的习性，多次产卵。卵黏性，呈圆球形，淡黄色，沉在巢穴底孵化。雄鱼守护鱼卵直至鱼苗出膜、能平游、自由游泳并摄食为止。

加州鲈胚胎发育时间与水温呈正比，孵化的适宜水温为 17 ～ 23℃，水温 17 ～ 19℃时孵出鱼苗需 50 小时左右，水温 20 ～ 22℃时孵出鱼苗需 45 小时左右，水温 23 ～ 26℃时孵出鱼苗需 30 小时左右。刚出膜至 3 日龄的鱼苗腹部有黏性物质，使鱼苗附着在适宜的水环境中发育。

第三节　加州鲈人工繁殖技术

一、亲鱼培育

选择面积为（2 ～ 3）×667 m^2 的池塘作为亲鱼池，要求水深达 1.5 m 以上，水源充足，水质良好，进、排水方便，通风透光。鱼池选好后，要清塘消毒，注入新水。在我国南方地区，养殖的加州鲈性成熟年龄在 1 周年左右，因此在大多数情况下年底收获成鱼时，挑选个体大、体质健壮和无伤病的加州鲈作为预备亲鱼，选好后放入亲鱼池进行强化培育，但 1 龄鱼怀卵量较少，故最好选择 2 龄鱼作亲鱼，个体重 1.5 ～ 2 kg。在广东也有选用 2 龄的加州鲈作为早繁亲鱼，在气温较低的 1 月和 2 月进行人工催产繁殖，以尽早获得鱼苗，提前成鱼的上市时间。亲鱼采用专塘培育，放养密度为 600 ～ 1200 尾 /667 m^2，雌雄比例为 1∶1；投喂冰鲜鱼或配合饲料，每天投喂 1 ～ 2 次。另外，可适当混养少量鲢鱼、鳙鱼，用于调节水质。产卵前 1 个月应适当减少投饵量，并每隔 2 ～ 3 天冲水 1 ～ 2 小时，促进亲鱼性腺发育成熟，必要时打开增氧机增氧。

二、雌雄鉴别

生殖季节，雌鱼体色淡白，卵巢轮廓明显，前腹部膨大柔软，上、下腹大小匀称，有弹性，尿殖乳头产卵期红润，上有 2 个孔，前孔、后孔分别为输卵管和输尿管的开口（图 2–2、图 2–3）。雄鱼则体形稍长，腹部不大，尿殖乳头只有 1 个孔，为泌尿生殖孔，较为成熟的雄鱼轻压腹部有乳白色精液流出（图 2–4、图 2–5）。

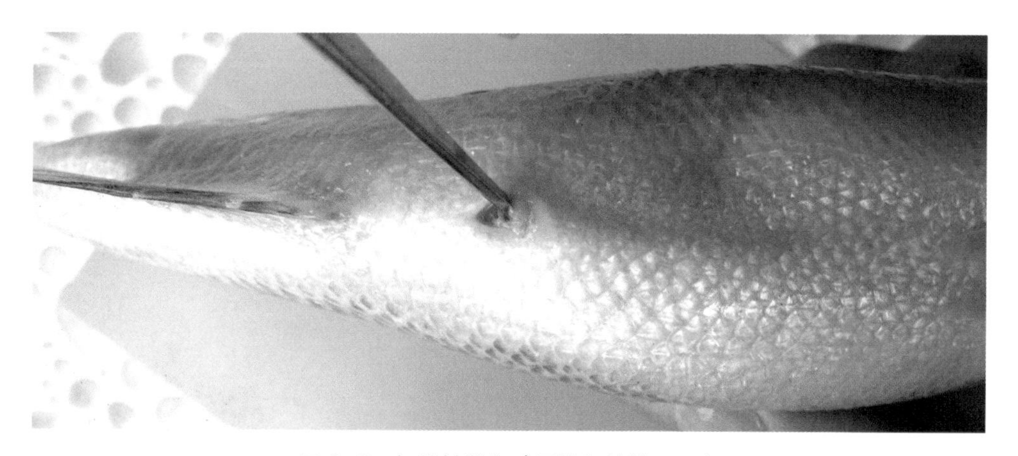

图 2–2　加州鲈雌鱼（示输卵管的开口）

图 2-3 加州鲈雌鱼（示卵巢）

图 2-4 加州鲈雄鱼（示泌尿生殖孔）

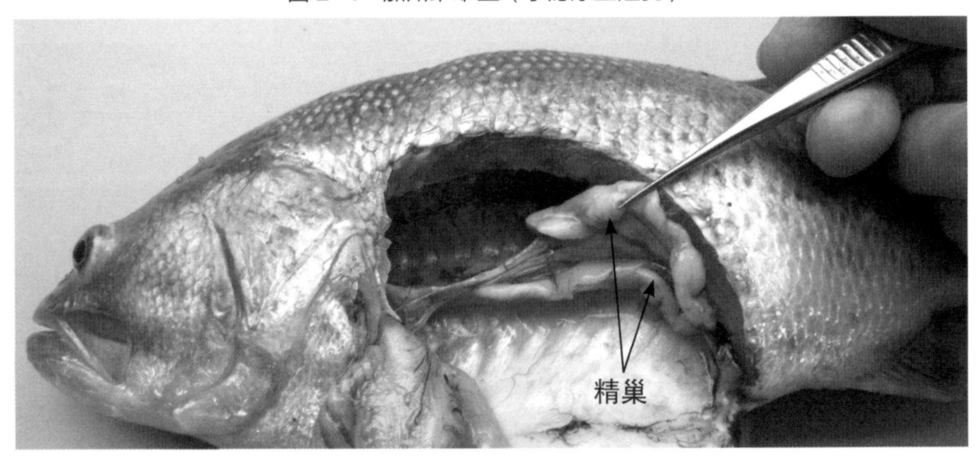

图 2-5 加州鲈雄鱼（示精巢）

三、产卵池的准备

产卵池分为 2 种：一是水泥池，通常要求面积为 10 m^2 以上，水深 40 cm 左右，池壁四周每隔 1.5 m 设置 1 个鱼巢（用网纱或棕榈树皮等材料制作），放养密度为每 2 ～ 3 m^2 放入 1 组亲鱼。二是池塘，面积宜为（2 ～ 4）×667 m^2，水深 0.5 ～ 1.0 m，池边有一定的斜坡，池水的透明度为 25 ～ 30 cm，溶氧量充足，最好在 5 mg/L 以上，每 667 m^2 放亲鱼 250 ～ 300 对，鱼巢可直接铺放在浅水区或用竹子悬挂使其保持在约 0.4 m 的水深处。产卵池放入亲鱼前需用药物彻底清塘除害。

四、人工催产

加州鲈繁殖通常是群体自然产卵，为达到同步产卵，一般对亲鱼进行人工催产。通常在春季水温 18 ～ 20℃时进行催产。催产时，挑选雌雄个体大小相当者配对，比例为 1∶1。常用的催产剂有鲤鱼、鲫鱼的脑垂体（PG）、人绒毛膜促性腺激素（HCG）、促黄体素释放激素类似物 2 号（LRH-A2）、马来酸地欧酮（DOM）等。催产剂单独使用的剂量，每千克雌鱼体重用 PG 6 mg、HCG 2000 IU、LRH-A2 20 ～ 50 μg，以混合使用催产剂效果较为理想，每千克雌鱼体重用 HCG 800 IU + LRH-A2 5 ～ 6 μg + DOM 3 ～ 4 mg；雄鱼剂量减半。多在胸鳍基部注射。视亲鱼的发育程度做一次性注射或分 2 次注射，2 次注射的时间间隔为 9 ～ 12 小时，第一次注射量为总量的 30%，第二次注射余量；使用合剂时，第一次注射 PG 1 ～ 1.5 mg，第二次注射 PG 2 ～ 2.5 mg 和 HCG 1500 IU。雄鱼只注射 1 次，在雌鱼第二次注射时进行。注射完催产药物后，把亲鱼放入产卵池。

五、产卵孵化

加州鲈催产后的效应时间较长，当水温为 22 ～ 26℃时，注射催产剂后 18 ～ 30 小时开始发情产卵。开始时雄鱼不断用头部顶撞雌鱼腹部，当发情到达高潮时，雌雄鱼腹部相互紧贴，这时开始产卵受精。产过卵的雌鱼在附近静止片刻，雄鱼再次游近雌鱼，几经刺激，雌鱼又可发情产卵。加州鲈为多次产卵型的鱼类，在 1 个产卵池中，可连续数天见到亲鱼产卵。加州鲈卵为球形，呈淡黄色，内有金黄色油球，卵直径为 1.3 ～ 1.5 mm，卵产入水中后卵膜迅速吸水膨胀，呈黏性，黏附在鱼巢上。注射催产剂后 18 ～ 30 小时，下水检查鱼巢，发现鱼巢附着较多受精卵后，及时取出送到孵化房内进行孵化。

受精卵一般在孵化房内的水泥池中进行孵化，这样更有利于孵出的鱼苗规格整齐，避免相互残杀。孵化时要保持水质良好，水深 0.4 ～ 0.6 m，避免阳光照射，有微流水或有增氧设备的孵化池能大大提高孵化率（图 2-6）。在原池孵化培育的应将亲鱼全部移出，以免其吞食鱼卵和鱼苗。孵化时间与水温有关，水温 17 ～ 19℃时，鱼苗出膜需 48 ～ 52 小时；水温 20 ～ 21℃时，鱼苗出膜需 40 ～ 45 小时；水温 22 ～ 23℃时，鱼苗出膜需 30 小时左右。刚出膜的鱼苗半透明，长约 0.7 cm，集群游动，出膜后第三天，卵黄吸收完后开始摄食。

图 2-6 加州鲈孵化池

第四节 加州鲈鱼苗培育技术

1. 池塘条件

鱼苗池面积（3 ～ 5）×667 m^2，最好东西走向，长方形，光照充足，池底平坦，或略向排水口倾斜，以利于干池捕鱼，淤泥厚 5 ～ 10 cm，排灌方便。养殖用水符合渔业用水标准，以含氧量高、水质良好、无污染的江河水、湖泊水、水库水、温泉水等为好；一些水源紧张的地区也可使用地下水作为养鱼池的水源，但要经过曝晒，以升温和增氧；一些工厂（如电厂、平板玻璃厂等）排放的无污染的废水也可养鱼。安装增氧机，配备发电机以防停电。

2. 池塘清整与消毒

放苗前，彻底清除池塘周边的杂草和池塘内的杂物，维修进、排水口，做好防洪、防逃准备工作。池内留水深 10 cm，用生石灰清塘，每 667 m^2 用量为 75 ～ 100 kg，溶水后全池遍洒；或用漂白粉清塘，每 667 m^2 用量为 20 kg，溶水后全池遍洒；或用生石灰与茶麸混合清塘，生石灰每 667 m^2 用量为 50 ～ 75 kg，溶水后全池遍洒，茶麸每 667 m^2 用量为 40 ～ 50 kg，将茶麸打碎成小块，提前 24 小时浸泡，遍洒生石灰后接着遍洒茶麸，彻底杀灭池内的有害生物。

3. 进水培养基础饵料生物

清塘后第二至第三天，施放经发酵的有机肥（猪粪或鸡粪）培育饵料生物

（轮虫、枝角类等），每667 m^2 用量为100～150 kg，或每667 m^2 施放生物肥2～3 kg或氮、磷、钾复合肥3～5 kg，同时向池塘注水至40～50 cm深，鱼苗浅水下塘，初夏时水温易升高，还可提高水中饵料生物的密度，使个体小、活动能力不强的鱼苗相对较容易获得食物。水温在25～30℃时，正常情况下，施肥后7天左右饵料生物就会培养起来，池塘水色以黄绿色、茶褐色为好，施肥后每天要注意观察水色，以确定是否需要追肥，同时每天要用120目的筛绢小抄网捞取水中的饵料生物，用解剖镜或40倍的显微镜观察饵料生物的种类、密度，要求在轮虫高峰期（每升水体中含轮虫8000～10000个）时放苗下塘。

4. 鱼苗放养

（1）鱼苗质量的鉴别。鱼苗质量的好坏直接影响鱼苗的成活率，体质好的鱼苗表现为体色鲜艳，体形肥壮均匀，规格整齐，放在白盆中可见游泳活泼。鉴别方法见表2-1。

表2-1 加州鲈鱼苗体质鉴别法

鉴别项目	优质鱼苗	劣质鱼苗
看体色	体色鲜艳，体表光滑，无附着物或病变特征	体色暗淡，体表无光泽
看游泳	搅动盛有鱼苗的盆（桶）水，鱼苗在漩涡边缘逆水游动；在培育池中集群游动	搅动盛有鱼苗的盆（桶）水，鱼苗会卷入漩涡；在培育池中不集群
抽样检查	吹动盛有鱼苗的白瓷盘中水面，鱼苗能顶风逆水游动；在干瓷盘中会剧烈挣扎	吹动盛有鱼苗的白瓷盘水面，鱼苗顺水运动；在干瓷盘中无力挣扎，仅头尾能摆动

（2）鱼苗下塘前试水。试水的目的是确定池塘水中清塘药物的毒性是否消失，确保放养鱼苗的安全。试水的方法是大量放苗前24小时，在池塘下风处取水1桶或安装1个小网箱，在水桶或小网箱中放入10～20尾加州鲈鱼苗（或鲢、鳙鱼苗），24小时后，如果鱼苗安然无恙，就可以大量投放加州鲈鱼苗。

（3）鱼苗下塘前拉空网。清塘后放苗前，池塘中会出现鱼苗的敌害生物如水蛇、青蛙、蝌蚪、水蜈蚣、松藻虫等，放苗前用密网在池塘中拉2～3遍，清除鱼苗的敌害生物，尽量减少它们对鱼苗的危害。

（4）鱼苗放养密度。要求放养的加州鲈鱼苗卵黄囊已消失并能水平游动，投喂过开口料，最好是投喂丰年虫、轮虫、小型枝角类，也可投喂熟鸡蛋黄或熟鸭蛋黄颗粒。放养密度为15万～30万尾/667 m^2。

5. 饲养管理

（1）做好放苗工作。水温稳定在24℃以上可放养鱼苗，一般在4月下旬至6月上旬。

①缓苗。外购的鱼苗一般用塑料袋充氧装运，在入池前应先将鱼苗袋缓慢放入事先安置在鱼池中的网箱内漂浮20～30分钟，待袋内水温与池内水温一致再打开袋口，将少量池水加入袋内，使池水与袋内的水逐渐混合，5～10分钟后再将鱼苗带水一起缓慢倒入网箱内（倒鱼时袋口紧贴水面），借此调节水的温差，使鱼苗适应氧气袋内外气压的改变。

②鱼苗饱食下塘。由于池塘水体大，鱼苗觅食困难，在鱼苗下塘前喂1～2次熟蛋黄（每10万尾鱼苗喂1个熟鸡蛋黄或熟鸭蛋黄，用纱布包裹蛋黄后揉搓，在水中抖动，使蛋黄颗粒悬浮水中）或饲料酵母，如能捞取轮虫（或孵化丰年虫）投喂更理想，有利于提高鱼苗的成活率。

③放苗。同一池塘应放养规格一致的同种鱼苗，选择晴天，在池塘上风处或较深水处缓慢放苗。

（2）饲料投喂。加州鲈下塘后的食物是肥水培育的浮游生物，一般可以喂养15天左右，若浮游生物量少，饵料不够，鱼苗会沿塘边游走，需从其他肥水池塘中捞取浮游生物投喂。鱼苗下塘15天后，长至1.5 cm以上时开始驯化投喂鱼浆（即搅碎的鱼糜），使鱼苗逐渐形成食用人工饲料的习惯。在固定地点投喂，使加州鲈形成在固定地点摄食的习惯。投喂前发出声响，吸引鱼苗前来摄食，并让其形成条件反射，每天的投喂量为鱼体总重量的10%～12%，上午、下午各喂1次，每天驯化投喂时间需6～8小时，这样可保证鱼苗摄食均匀。

当鱼苗长到3～4 cm时，可在鱼浆中掺入鲈鱼专用颗粒饲料进行再次驯食，第一天在鱼浆中掺入10%的颗粒饲料，之后每隔5天调整1次鱼浆中颗粒饲料的含量，按10%的比例递增，5天后在鱼浆中掺入20%的颗粒饲料，10天后掺入30%，15天后掺入40%，20天后掺入50%，25天后掺入60%，30天后掺入70%，35天后掺入80%，40天后掺入90%，45天后用颗粒饲料完全替代鱼浆。

（3）及时过筛，分级饲养。加州鲈是凶猛的肉食性鱼类，一旦生长不齐，就会出现大鱼吃小鱼、互相残杀的现象，特别是高密度池塘育苗，在鱼苗长到6 cm之前互相残杀最严重。应根据鱼苗的生长情况（一般培育15～20天）用鱼筛进行分级，分开饲养，将规格相同的鱼苗放在同一池中养殖，有利于提高鱼苗的成活率。

（4）水质管理。鱼苗下塘时的水深以40～50 cm为宜，以后每隔3～4天加新水1次，每次加新水10～20 cm，必要时换去部分旧水，保持池水透明度为

25 ～ 30 cm，保证水质清新，溶氧充足，防止鱼苗缺氧浮头，最终水深可达 1.5 m 左右。

（5）日常管理。坚持每天早、晚巡塘，仔细观察鱼苗的活动情况以及水质变化，及时加入新水或追施生物肥，培养天然饵料；根据鱼苗的吃食情况调整投喂量；及时打捞死鱼、杂物等，做好防病治病工作；做好养殖日志。

一般经过 2 个月的饲养，鱼苗可长到 6 ～ 7 cm。

第五节　加州鲈成鱼养殖技术

一、池塘主养

1. 池塘条件

池塘面积（5 ～ 10）×667 m^2，池深 5 m，最大蓄水深度 3 ～ 3.5 m（图 2-7）。配备增氧机、投饲机和抽水机，备好发电机以防停电。其他条件同鱼苗培育。

图 2-7　加州鲈成鱼养殖池

2. 池塘清整与消毒

同鱼苗培育技术。

3. 进水培养基础饵料生物

同鱼苗培育技术，但要待池中枝角类、桡足类达生长高峰时才放养。

4. 下塘前要试水

同鱼苗培育技术。

5. 鱼苗放养

加州鲈在长到 6 cm 之前，在池塘中互相残杀非常严重。放养当年繁殖培育 10 cm 左右、无病无伤的幼鱼比较适宜，要求规格整齐，避免大小悬殊，以防或减少大鱼吃小鱼的现象，且要一次放足。在广东放养密度一般为 5000 ～ 6000 尾 /667 m^2，而江苏、浙江、四川一带放养密度为 1200 ～ 2000 尾 /667 m^2。

当水温在 18℃以上时即可放养，池水中饵料生物达到高峰时，是放养的最佳时机。

鱼苗下塘前，用 20 mg/L 高锰酸钾溶液或 3% 食盐溶液浸浴鱼体 5 ～ 10 分钟，以杀灭病原体。选择晴天的上午或傍晚放鱼苗，刮大风、下大雨的恶劣天气不宜放鱼苗，应选择在鱼池较深的上风处放鱼苗。

6. 饲料投喂

（1）饲料及投喂量。目前，加州鲈的饲料主要有冰鲜杂鱼和人工配合饲料。要求冰鲜杂鱼不变质，并切成适口的鱼块；人工配合饲料蛋白质含量为 40% ～ 45%。日投喂冰鲜杂鱼量为全池中鱼体总重量的 5% ～ 10%，日投喂人工配合饲料量则为全池中鱼体总重量的 3% ～ 8%，同时应视天气、水温和鱼的摄食状况适当增减。

5 ～ 9 月为加州鲈疾病流行的季节，要定期在冰鲜杂鱼中加入维生素或其他辅助中药，以增强鱼体体质和抗病力。另外，要注意冰鲜杂鱼解冻后要立即投喂，防止变质。

（2）投喂方法。每天投喂 2 次，即 9 ～ 10 时、15 ～ 16 时各投喂 1 次。在池塘中设投料台，投喂的范围尽量大一些。投喂冰鲜杂鱼时，要自高处抛入水中，使其落入水中有一种游动的感觉，刺激并引诱加州鲈吞食。投喂时掌握“慢、快、慢”的原则，即开始时少投，将鱼引诱聚集后再快投，并及时扩大投料面积，使鱼群均匀吃饱，等鱼快吃饱、抢食不激烈后又少投，一直喂到多数鱼离开投料点为止。一般每次投喂时间在 30 分钟左右，防止饵料沉底造成浪费和污染水体。

7. 及时分塘

加州鲈食性凶残，放养密度过大时，若投饲不足就会互相残杀。另外，如果鱼体大小悬殊，个体小的鱼抢不到食，也会影响其生长甚至饿死。因此，每隔 30 ～ 50 天应分塘 1 次。分塘工作应在天气良好的早晨、水温较低、鱼不浮头时进行，切忌天气炎热或寒冷时分塘。分塘前 1 天停饲，分塘时开启增氧机，操作中要避免损伤鱼体。

8. 饲养管理

（1）水质管理。加州鲈生长要求水质清新、溶氧丰富，但由于养殖过程中大量投料及鱼体自身的排泄物会造成水质恶化，因此要合理使用增氧设备，定期换水，合理使用微生态制剂来调节水质。

①合理增氧。加州鲈生长对溶氧的需求较高，要求池塘的溶氧量在 4 mg/L 以上，因此，每 667 m^2 养殖水面应配置 1 kw 的增氧机，确保池塘水体有充足的氧气。有条件的地方可以使用微孔增氧，加州鲈属于底栖鱼类，利用微孔管道把含氧空气直接输送到池塘底部，从池底往上向水体散气补充氧气，可以使底部水体保持较高的溶氧量。底部较高的溶氧量不仅可以加快有机废物的降解，而且可以有效抑制有害微生物的滋生，从而提高加州鲈的品质和成活率。如果微孔管道增氧与传统的水车式、叶轮式增氧机相结合，可以更好地达到维持水体较高溶氧量的目的，更有利于加州鲈的生长。

②定期注换水。在自然环境中，加州鲈喜欢栖息于清澈的缓流水中。在加州鲈养殖过程中，水体透明度应保持在 40 cm 左右。加州鲈放养初期，由于水温偏低，池塘水位可以浅一些，以便升温。7 ～ 8 月，随着气温、水温升高，要逐步把塘水加满，扩大养殖空间，以利于加州鲈的生长，一般每隔 5 ～ 7 天注水 1 次，每次注水 10 cm 左右，直到较理想的水位。加州鲈成鱼养殖期间，由于投喂大量的冰鲜杂鱼及饲料，鱼排泄物增多，水质容易变坏，水透明度低于 20 cm 时，要及时排旧水注新水，一般每 7 天换水 2 次，每次换水 20 ～ 30 cm。注水口要用密网过滤野杂鱼和其他敌害生物，同时要避免水流直接冲入池底把淤泥冲起，搅浑池水，可让水冲到木板上再流入池中。

③合理使用微生态制剂。微生态制剂又称微生态调节剂，是用从自然环境中提取分离出来的微生物经过培养扩增制成的有益菌制剂，具有无毒副作用、无药物残留、无耐药性等优点。它既可以消除水体污染物，净化水质，又可以改善养殖动物的机体代谢，提高成活率，促进养殖动物的生长。一般每隔 15 ～ 20 天使用 1 次微生态制剂改善水质，保持水体透明度在 40 cm 左右。

（2）日常管理。每天上、下午各巡塘 1 次，观察池塘水质变化、加州鲈摄食和活动情况、是否有鱼浮头、是否有鱼病等，检查塘堤是否渗漏，发现问题，及时解决。定期测量池水水温、pH 值、透明度、溶氧量、亚硝酸盐、氨氮等水质指标。定期检查加州鲈的生长情况（体长、体重和成活率），及时记录养殖日记。

（3）创造良好的生长环境。加州鲈喜欢安静清洁的环境，要求池塘周边环境清静，应减少车辆、行人及噪声的惊扰；同时，要及时清除加州鲈吃剩的饵料鱼块、人工配合饲料、塘边杂草及水面垃圾。

二、鱼塘混养

加州鲈可与“四大家鱼”、罗非鱼、胭脂鱼、黄颡鱼、鲫鱼等成鱼进行混养。与一般家鱼相比，加州鲈要求水体中有较高的溶氧量，因此，池塘面积宜大些。另外，也可选水质清瘦、野杂鱼多的鱼塘进行混养，而大量施肥投饲的池塘则不适合。混养加州鲈的池塘，每年都应清塘，清除凶猛性鱼类，以免影响加州鲈的存活率。放养适当数量的加州鲈既可以清除鱼塘中的野杂鱼虾、水生昆虫、底栖生物等，减少它们对其他放养品种的影响，又可以增加养殖收入，提高鱼塘的经济效益。混养密度视池塘条件而定，如条件适宜、野杂鱼多，加州鲈的混养密度可适当大些，但不要同时混养乌鳢、鳗鲡等肉食性鱼类。一般可放养 5 ～ 10 cm 的加州鲈鱼种 200 ～ 300 尾 /667 m^2，不用另投饲料，年底可收获上市。另外，苗种塘或套养鱼种的塘不宜混养加州鲈，以免伤害小鱼种。混养时必须注意，混养初期，主养品种规格要大于加州鲈规格 3 倍以上。

三、捕捞收获与长途运输

南方地区养殖周期长，加上加州鲈生长较快，当年繁殖的鱼苗养到年底能长到 0.5 kg 以上，达到上市规格。养殖的加州鲈通常采用分批收获的方式上市，10 月或 11 月第一次捕捞达到上市规格的加州鲈出售，春节前后第二次捕捞达到上市规格的加州鲈出售，翌年 3 ～ 4 月，清塘前，第三次捕捞达到上市规格的加州鲈出售。

1. 捕捞

捕捞前，要适当降低水位。捕捞时，用疏网慢拉捕鱼。捕捞时气温不能太高，适宜的捕捞时间为早上。用运鱼车装鱼运送到暂养场，必要时加冰控温，运鱼车、暂养池的水温与池塘的水温温差不能超过 5℃，运输途中充风氧或纯氧，可保证运输时间 2 ～ 3 小时。

2. 商品鱼打包

（1）卸鱼动作要快，称鱼时尽量带水操作，以免损伤鱼体，而且动作要快。

（2）长途运输前必须分规格暂养 2 ～ 3 天，目的是让鱼尽量排空粪便，降低运输途中氨氮的含量，防止污染运输水体。

（3）暂养后的加州鲈体力得到恢复，活动能力强，装箱前必须进行麻醉（在暂养池中通入二氧化碳），使鱼降低活跃性。用大型塑料袋充氧打包，打包适宜温度为 7 ～ 18℃，如果气温高还要将装有冰块的塑料袋放置在箱内，以起到控制温度的作用。

（4）用泡沫箱装运加州鲈活鱼，一般箱体规格为 50 cm × 40 cm × 35 cm，水与鱼的比例为 1 ∶ 1，每箱鱼重约 15 kg，采用冷藏车运输，温度调节到 2 ～ 4℃，车上备有氧气瓶，向每个泡沫箱里充氧。这种冷藏车运输方式可保证 80 小时以内加州鲈的存活率达 95% 以上。

3. 运输及市场卸货

运输途中要注意水质、水温的变化，主要看水是否变混浊和有无死鱼，如有问题，应立刻就近换水、加冰。到达市场后卸鱼前，应测量装鱼箱内水温与卸鱼鱼池的水温，如温差超过 5℃，待调整后再卸鱼。卸鱼时动作要迅速，尽量避免鱼缺氧的时间过长。

第六节　加州鲈疾病防治技术

加州鲈的抗病力强，疾病原本不多，但养殖者为了追求产量和效益，不断提高养殖密度，加上加州鲈的种质退化，导致疾病频发。有些疾病如病毒病和细菌性溃疡综合征，一旦发病就会给养殖者带来巨大的经济损失。因此，要贯彻“以防为主”的方针，每隔 10 ～ 15 天全池泼洒 20 mg/L 的生石灰或 0.3 ～ 0.5 mg/L 的二氧化氯 1 次，一方面可防治鱼病，另一方面又可调节水质，改善水体状况。另外，也可不定期在饵料中掺拌药物，预防疾病发生。

此外，要定期检查加州鲈有无疾病发生，对症用药。目前加州鲈的常见病包括病毒性疾病、细菌性疾病和寄生虫病，也有多病原综合发病的现象。

一、病毒性溃疡病

1. 症状

该病由病毒引起。病鱼体色变黑，眼睛出现白内障，体表大片溃烂，呈鲜红色，尾鳍或背鳍基部红肿，肌肉坏死，部分病鱼胸鳍基部红肿、溃烂，两边鳃膜有血疱隆起。

2. 防治方法

目前尚无有效的治疗药物，发病期间可定期全池泼洒聚维酮碘或戊二醛（用法和用量按说明书使用）。

二、脾肾坏死病

1. 症状

该病由病毒引起。病鱼体色变黑，部分病鱼眼睛突出，肝脏、脾脏、肾脏肿大，肝脏充血或变白，脾脏暗红色，少数濒死病鱼有旋转行为。

2. 防治方法

目前尚无特效药物可治疗，发病初期全池泼洒聚维酮碘有一定的防治效果。

三、旋转病（暂定名）

1. 症状

该病由病毒引起。病鱼体色变黑，消瘦，游动无力，在水中旋转，下颌充血，腹部肿大、有充血的斑块，极少数病鱼眼睛突出，有腹水。

2. 防治方法

目前尚无特效药物可治疗，发病初期全池泼洒有机碘或其他消毒药有一定的防治效果。

四、白皮病

1. 症状

该病由细菌引起。病鱼游动缓慢，反应迟钝，体色变黑，有白斑，吻部周围至眼球处皮肤糜烂、肿胀。

2. 防治方法

①在捕捞、运输、过筛、放养时避免鱼体受伤。②全池泼洒 1 mg/L 的漂白粉或 0.3 ～ 0.5 mg/L 的强氯精，隔天再使用 1 次。③投喂抗菌药物，每千克鱼体重用氟哌酸（诺氟沙星）30 ～ 50 mg，拌饲投喂，连喂 3 ～ 5 天。

五、烂鳃病

1. 症状

该病由细菌引起。病鱼体色暗黑，离群独游，反应迟钝，鳃盖骨中间部分有不规则的透明小窗，鳃丝肿胀、充血、糜烂。

2. 防治方法

同白皮病。

六、肠炎病

1. 症状

该病由细菌引起。病鱼腹部膨大，肛门红肿，轻压腹部有淡黄色血水从肛门流出。

2. 防治方法

①杜绝投喂腐败变质或不洁的饲料，投喂时做到定位、定时、定质、定量。②全池遍洒 0.5 mg/L 的强氯精或二氧化氯，每天 1 次，连用 2 ～ 3 次。③投喂复方新诺明药饵，用药量为每千克鱼体重 50 mg，每天 1 次，连喂 3 ～ 5 天，首次用量加倍；或投喂土霉素药饵，用药量为每千克鱼体重 20 ～ 30 mg，每天 1 次，

连喂 3 ～ 5 天。

七、溃疡综合征

1. 症状

该病由细菌引起。病鱼头部、躯干出现小红斑，表皮及肌肉溃烂，周围鳞片松动脱落，严重时烂至骨头，一些病鱼下颌骨断裂，鳍条缺损。

2. 防治方法

①发病鱼塘全池遍洒 0.5 mg/L 的强氯精或二氧化氯，或全池泼洒 2 ～ 3 mg/L 苯扎溴铵。②养殖后期在饲料中添加维生素 C 和多维素，增强鱼体的抗病力，添加量均为鱼体总重量的 0.3% ～ 0.5%。③投喂喹诺酮类药物，每千克鱼体重用氟哌酸（诺氟沙星）30 ～ 50 mg，拌饲投喂，连喂 3 ～ 5 天。

八、诺卡氏菌病

1. 症状

该病由诺卡氏菌引起。病鱼食欲减退，离群游于水面或池边，体色变黑。最典型的病症是病鱼鳃丝、躯干部的皮下脂肪组织和肌肉及肝脾肾等内脏器官上出现许多白色结节或白点。此外，常在肌肉形成白色结节，表层结节易形成突起浓疮，或破损形成出血斑，且常在后肾形成巨大的囊肿物，挤压有白色脓液流出。

2. 防治方法

①预防为主，除去池底过多的淤泥，用生石灰彻底消毒，杀灭病原菌；提高水位，增加换水次数，保持水质清新；投喂新鲜优质的饵料。②发病期间，每隔 15 天全池泼洒 1 次 20 mg/L 的生石灰或 0.3 ～ 0.5 mg/L 的二氧化氯或 0.3 mg/L 的二溴海因，病情严重时隔 1 ～ 2 天再泼洒 1 次；或全池泼洒 2 ～ 3 mg/L 的苯扎溴铵，隔 2 天再使用 1 次。③投喂氟苯尼考，用量为每千克鱼体重 20 ～ 50 mg，拌料投喂，每天 1 次，连喂 5 ～ 7 天。

九、车轮虫病

1. 症状

该病由车轮虫引起。病鱼体色暗黑，鳃有较多黏液，消瘦，群游于池边或水面。取少许鱼鳃组织或体表黏液或少许尾鳍在显微镜下观察，可见大量的车轮虫，虫体侧面像碟形或毡帽形，反口面观为圆盘形，内部有多个齿体嵌接成齿轮状结构的齿环。

2. 防治方法

①用 8 mg/L 的硫酸铜浸浴病鱼 20 分钟。②全池泼洒 0.7 mg/L 的硫酸铜与硫酸亚铁（5∶2）合剂。

十、杯体虫病

1. 症状

该病由杯体虫引起。病鱼群游于池边或水面，体表、鳍条黏附有灰白色的絮状物，似水霉感染。将此物放在显微镜下观察，可见大量的杯体虫，虫体容易伸缩，身体充分伸展时，呈喇叭形或杯形，体前端有一圆盘状的口围盘，其边缘排列着三圈细致的纤毛。

2. 防治方法

同车轮虫病。

十一、斜管虫病

1. 症状

该病由斜管虫引起。病鱼体色暗黑，体表和鳃有较多的黏液，消瘦，离群游于池边或水面。取少许鳃组织在显微镜下观察，可见大量的斜管虫，虫体侧面观察，背部隆起，腹面平坦，左右两边不对称，左边较直，右边稍弯，后端有凹陷，腹面前端有一个漏斗状的口管，腹部长有许多纤毛，游动较快。

2. 防治方法

①全池泼洒 0.7 mg/L 的硫酸铜与硫酸亚铁（5：2）合剂。②全池泼洒 0.8 mL/m^3 的戊二醛溶液，隔天再用 1 次，休药期 30 天。

十二、小瓜虫病

1. 症状

该病由小瓜虫引起。病鱼反应迟钝，消瘦，浮于水面或集群绕池，当虫体大量寄生时，肉眼可见病鱼体表、鳍条和鳃上布满白色点状胞囊。用镊子挑取小白点在显微镜下观察，虫体呈球形或近似球形，成虫有一个大的“U”形核，活动时虫体形态多变。

2. 防治方法

暂无特效药物，应适当降低放养密度。用 200 ～ 250 mg/L 的冰醋酸溶液浸洗病鱼 15 分钟；用 2 mg/L 的亚甲基蓝全池遍洒，连用 2 天；或使用辣椒粉和干生姜煮沸半小时后全池泼洒，使用量为每立方米水体使用辣椒粉 0.75 g、干生姜 0.3 g。注意防治该病时不宜全池泼洒硫酸铜。

第三章 乌鳢健康养殖技术

第一节 乌鳢养殖概况

乌鳢 *Channa argus*，地方名为黑鱼、乌鱼、生鱼、花鱼、财鱼等，在鱼类分类学上属鲈形目鳢科鳢属。乌鳢在我国广泛分布，肉质鲜美，营养丰富，深受消费者和养殖者喜爱，是一种经济价值较高的鱼类；可去瘀生新、滋补调养、生肌补血、促进伤口愈合，具有较高的药用价值。

乌鳢环境适应能力强，对池塘水质要求较低，可以高密度养殖，每 667 m^2 池塘可放养鱼种 8000 ～ 10000 尾，产量可达 4000 ～ 5000 kg。乌鳢生长速度快，早春鱼苗当年即可养成商品鱼。乌鳢发病少，成活率高，成鱼运输简单，便于远距离销售。

近年来养殖的乌斑杂交鳢是以斑鳢、乌鳢为亲本杂交繁殖育成的，有明显的杂交优势，在广东养殖 667 m^2 产量为 6000 ～ 10000 kg，在福建、浙江养殖 667 m^2 产量为 3000 ～ 4000 kg，在山东、重庆养殖 667 m^2 产量为 2000 ～ 3000 kg。

第二节 乌鳢生物学特性

一、形态特征

乌鳢体长，呈圆柱形或棒形，稍侧扁；头尖扁平如蛇头，头上覆有不规则鳞片，头背面前部略扁平，后部渐隆起；吻端圆钝，口裂大而稍斜，下颌向前稍突出，口内密生牙齿；鳃腔内有辅助呼吸器官，可行呼吸功能；胸鳍、腹鳍较小，背鳍、臀鳍较长，尾鳍圆形，背鳍、臀鳍、尾鳍均有黑白相间的斑纹；全身呈灰黑色，体两侧有许多不规则的黑色斑块（图 3-1 至图 3-3）。

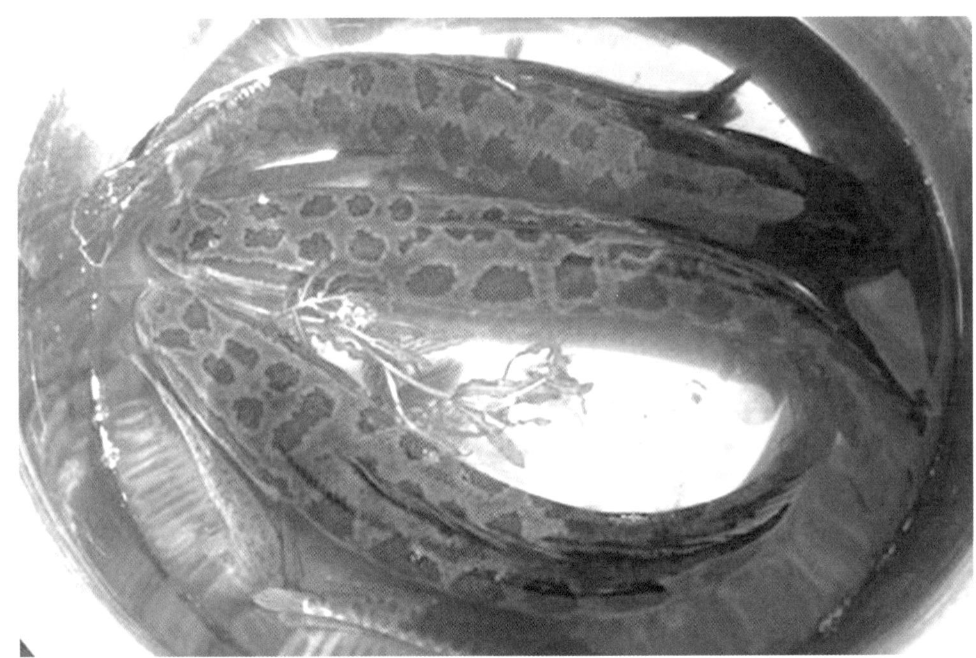

图 3-1 乌鳢

图 3-2 杂交乌鳢（雌）

图 3-3 乌鳢（杂交）头部背面

二、生活习性

乌鳢是底栖性鱼类，喜栖息于江河、湖泊、水库、池塘、沼泽中，常潜伏于水草多的浅水底。具有辅助呼吸器官，适应性强。在水体缺氧的情况下，能将头露出水面，借助鳃上辅助呼吸器官呼吸空气，即使没有水，只要体表和鳃部保持一定的湿度，仍能生存较长时间。乌鳢生存温度为 0 ～ 40℃，生长适温为 15 ～ 30℃。耐高温也耐低温，冬季潜伏于泥中停食不动。

三、食性与生长

乌鳢是凶猛的肉食性鱼类。捕食对象依乌鳢鱼体大小而异。10 cm 以上的幼鱼主要以枝角类、桡足类、水生昆虫、鱼苗、小虾等为食；成鱼则以各种小型野杂鱼为食物，主要有鲫鱼、鳑鲏、赤眼鳟、刺鳅、泥鳅等，也食人工配合饲料。乌鳢有自相残食的现象，能吞食体长为自身 2/3 以下的同种个体，能吞下相当于自身体长 1/2 的其他鱼。它的胃容量很大，相当贪食，且以潜伏袭击的方式摄食。一次饱食后可几天不进食。

乌鳢生长速度较快，一般当年鱼平均体长为 15 cm，体重 500 g 左右；天然捕获的乌鳢以 500 g 以上者居多，大者 3.5 ～ 4 kg，最大个体达 5 kg。其生长速度与温度、食物的丰歉有直接关系。

四、繁殖习性

乌鳢性成熟年龄一般为 2 龄，当体长 20 cm 以上，体重达 500 g 左右时，进入性成熟期。产卵季节华南地区在 4 月中旬至 9 月中旬，5 ～ 6 月最盛；华中地区在 5 ～ 7 月，以 6 月较为集中。产卵期水温为 20 ～ 30℃。乌鳢的怀卵量每千克体重为 20000 粒左右，分批产卵。卵为金黄色，具油球，为浮性卵。产卵多在水草茂盛、水不流动的浅水区域进行，产卵前雌雄亲鱼用嘴收集水草筑成圆形鱼巢，漂浮在水面上，而后于黎明前产卵在鱼巢中间。产卵后，亲鱼守护在巢底保护鱼卵不被侵害。水温 26℃时，受精卵经 36 小时孵出鱼苗；水温 30℃时，受精卵经 32 小时孵出鱼苗。刚孵出的仔鱼全长 3.8 ～ 4.3 mm，侧卧浮于水面，运动力微弱；长到 6 mm 时卵黄内油球位置变换，鱼苗呈仰卧状态；长到 9 mm 时鱼苗在亲鱼的带领护卫下开始摄食。大约 1 个月后，幼鱼长至 6 ～ 7 cm，才被亲鱼驱逐离去，自行谋生。

第三节　乌鳢人工繁殖技术

一、亲鱼的收集和培育

用于繁殖的亲鱼可以是野生的，也可以从人工养殖池中挑选，体重一般在

500 g 以上，体格健壮，无病无伤。亲鱼培育池以面积（1 ～ 3）×667 m^2、水深 1 m 左右为宜。体重 0.5 ～ 0.75 kg 的亲鱼，每 667 m^2 面积可放养 100 ～ 150 尾。投喂人工配合饲料，辅助投喂小杂鱼、小虾等。雌雄分养，雌、雄鱼比为 1 : 1。培育期间要保持良好的水质。

二、雌雄鉴别

雌鱼胸部鳞片白色，腹底部为灰白色、无黑斑，性成熟时腹部膨大、松软，生殖孔突出（图 3–4、图 3–5）。雄鱼胸部有黑斑，腹底部呈灰黑色，腹部较小且平坦，生殖孔略凹，性成熟时呈粉红色（图 3–6）。

图 3–4　乌鳢雌鱼胸部鳞片

图 3–5　乌鳢雌鱼生殖孔

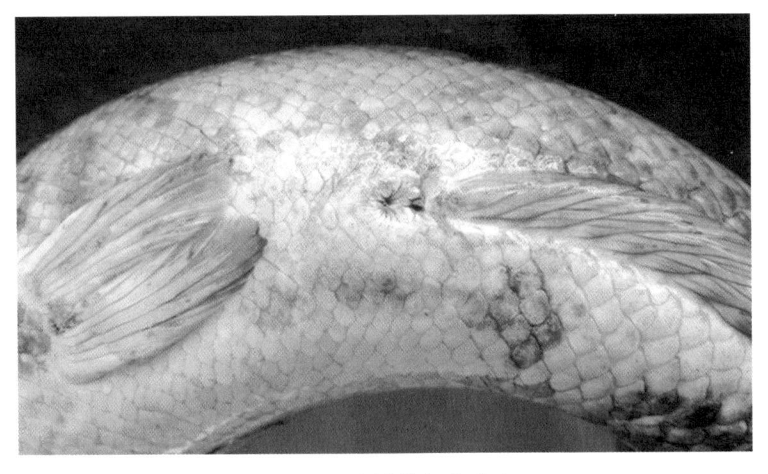

图 3–6　乌鳢雄鱼生殖孔

三、人工催产

挑选成熟的亲鱼，按 1 : 1 雌雄配对，注射催产药物。一般每千克雌鱼体重注射 PG 2 ～ 3 mg 或 HCG 800 ～ 1000 IU，采用肌肉注射或腹腔注射，分 2 次注射，雌鱼第一次注射 PG 1 mg 或 HCG 300 IU，第二次注射余量；雄鱼注射剂量减半，只做 1 次注射，在雌鱼第二次注射时进行。乌鳢在产卵前有争夺配偶的习性，成群产卵时影响受精率。注射催产药物后的亲鱼可一雌一雄放入 0.5 m×0.5 m×1 m 的产房中（产房规格可灵活确定）。产房可用木条或钢筋做框架，外包筛绢布，将产房置于水池中，产房中放入一些水浮莲等水草。有的地方做成活动产房，产卵时在水泥池中拼接起来成产房，产卵结束后拆掉移出。也可将 5～6 对亲鱼一起放在一个 10 m^2 左右的小池中产卵，池中放入一些水浮莲或人工鱼巢。注射催产药物的时间视水温而定，一般雌鱼第一次注射在 18～21 时，第二次注射在翌日 9～11 时，第三天清晨便可产卵、受精。

催产后的效应时间与水温关系密切，在适温范围内，随水温升高而缩短，水温 22～23℃，效应时间为 26～36 小时；水温 24～25℃，效应时间为 25～30 小时；水温 26～30℃，效应时间为 18～22 小时。产卵要求在弱光安静的环境中进行，亲鱼若受到外界惊吓，会终止产卵。整个产卵过程需 12～14 小时，待亲鱼产完卵后，用盛水的器皿带水捞起受精卵，集中孵化。

四、孵化

孵化池可采用水泥池、孵化缸、孵化槽等。孵化前孵化设施要用 20 mg/L 的高锰酸钾溶液浸泡消毒 30 分钟，冲洗干净后使用。孵化用水要求清新无污染，并保证有微流水，水温最好控制在 25～30℃。孵化密度为 10 万粒 /m^3，若静水孵化，密度为 1.5 万～2 万粒 /m^3。亦可将产卵后的亲鱼从产卵池中捞起移入其他水池中暂养，受精卵留在原池中孵化。

刚产出的受精卵呈金黄色，而后逐渐转为深灰色，未受精的卵呈白色。受精卵的孵化时间与水温有关，水温 20～22℃，孵化时间为 45～48 小时；水温 25℃，孵化时间约为 36 小时；水温 26～27℃，孵化时间约为 25 小时；水温 30℃，孵化时间约为 23 小时；水温 17℃以下或 33℃以上孵化率均很低。刚孵出的仔鱼浮于水面，游泳能力差，主要以卵黄为营养。孵化后 3～5 天，鱼苗开始离巢群游觅食，这时可转入鱼苗培育池。

第四节 乌鳢鱼苗培育技术

1. 仔鱼培育

刚孵出的仔鱼体长约 4 mm，浮于水面，非常娇嫩，靠吸收卵黄维持生命。可暂养在池深 60 cm 的小水泥池中，放养密度为 1.3 万尾 / m^2。3～5 天后仔鱼的卵黄消耗完毕，开口摄食，此时应立即投饵。以蛋黄颗粒、轮虫、枝角类的幼体和桡足类的幼体为主要食物。经过 4～5 天培育的幼鱼，应移入鱼苗培育池中。

2. 鱼苗培育

鱼苗培育池以小池为宜，面积为 100 ～ 300 m^2，水深 0.5 ～ 1 m。放养前清塘消毒，施基肥培育天然饵料。放养密度一般为 10 万～ 20 万尾 /667 m^2。刚下塘的鱼苗摄食轮虫、枝角类等，需补充人工配合饲料；2 周后，鱼苗体呈橘红色，投喂大型的桡足类动物和剁碎的水蚯蚓；3 周后，投喂水蚯蚓、小虾等活饵和剁碎的低值鱼肉，此时苗种密度很大，应及时捕捞、过筛、分池，放养密度一般为 7 万～ 8 万尾 /667 m^2，继续饲养，其施肥、投饵等管理措施基本与上一阶段相似。当鱼苗长到 10 cm 左右，即可出售或转塘进行成鱼养殖。

第五节　乌鳢成鱼养殖技术

乌鳢的成鱼饲养形式有主养、混养等。

一、池塘主养

1. 池塘条件

池塘面积以（3 ～ 5）×667 m^2 为宜，池深 2 ～ 2.5 m，蓄水深度为 1.5 ～ 2 m，池埂坚固，最好东西走向，长方形，光照充足，池底平坦，或略向排水口倾斜，以利于干池捕鱼，池底最好为壤土，淤泥厚 5 ～ 10 cm，池塘保水性能好。养殖用水应符合渔业用水标准，以含氧量高、水质良好、无污染的江河水、湖泊水、水库水、温泉水等为好；一些水源紧张的地区也可使用地下水作为养鱼池的水源，但要经过曝晒，以升温和增氧；一些工厂（如电厂、平板玻璃厂等）排放的无污染的冷却水也可养鱼。排灌方便，每口池塘有独立的进水口和排水口，进水口要严防敌害生物入池，用 80 目的筛绢布袋拦滤进水，排水口安装好防逃设施。配备增氧机、投饲机和抽水机。

2. 放养前的准备工作

（1）池塘清整与消毒。放养鱼苗前，彻底清除池塘周边的杂草和池塘内的杂物，清除池底过多的淤泥，维修进、排水口，做好防洪、防逃准备工作。池内留水深 10 cm，用生石灰清塘，每 667 m^2 用量为 75 ～ 100 kg，溶水后全池遍洒；或用漂白粉清塘，每 667 m^2 用量为 20 kg，溶水后全池遍洒；或用生石灰与茶麸混合清塘，生石灰每 667 m^2 用量为 50 ～ 75 kg，溶水后全池遍洒，茶麸每 667 m^2 用量为 40 ～ 50 kg，将茶麸打碎成小块，提前 24 小时浸泡，遍洒生石灰后接着遍洒茶麸，彻底杀灭池内的有害生物。3 天后注入新水 50 ～ 100 cm。

（2）移植水生植物。为防止水质恶化，有效途径是在池塘内移植面积占池塘总面积 1/5 ～ 2/5 的水生植物，如水葫芦（凤眼莲）、眼子菜、轮叶黑藻等，再移植一些绿萍，净化水质的效果更佳。上述水生植物除具有强力吸污、净化水质的功能外，还可防暑降温，减少换水次数，延长换水时间，减少乌鳢因逆水跳撞、聚集互碰受伤而引发的疾病。

（3）设置防逃设施。乌鳢有随水流逆行而上的习性，成鱼能够跳离水面1.5 m以上。因此，在池塘进水口、排水口处要安装防逃设施，且池埂要高于水面50 cm。有条件的地方，在养殖乌鳢的区域周围或每口池塘四周设置高度为50～60 cm的竹篱笆或网片，作为防逃围栏。

3. 鱼种放养

（1）放养规格。目前，养殖户多采用的放养方法是先育成大规格鱼种再分池放养，即把规格为30尾/kg左右的过冬鱼种（一般放养密度为8000～10000尾/667 m^2）培育1～2个月，育成个体重量达100 g/尾左右，然后拉网、分规格、分池进行商品乌鳢养殖。放养的鱼种要求体质健壮，无伤、无病、无畸形，色泽鲜艳，并一次性放足鱼种，且同池放养的鱼种要求规格整齐，避免大鱼残食小鱼。

（2）放养密度。根据市场需求的成鱼规格、池塘条件、饲料供应状况、饲养管理水平等因素综合考虑，确定合理的放养密度。蓄水深度为1.5～2 m、产出乌鳢的规格为0.5 kg/尾以上的养殖池塘，适宜的放养密度为3000～4000尾/667 m^2；饲料供应充足、换水方便、有一定的养殖经验，放养密度可以控制在5000尾/667 m^2以下。同时，为充分利用养殖水体，并调控池塘水质，可在池塘中搭配放养200～300尾/667 m^2的鲢、鳙、鲤、鲫等大规格鱼种，放养的规格大于乌鳢的规格，避免被乌鳢攻击、咬食。

（3）放养时间。视鱼种来源和年龄而定，原则是宜早不宜迟，早放养早开食，既可延长养殖乌鳢的生长期，又可提高鱼产量。过冬鱼种的放养时间为每年的3～4月，当年鱼种的放养时间为每年的6～8月。

4. 饲养管理

（1）饲料投喂。养殖乌鳢所用的饲料有3种：第一种是新鲜杂鱼或冰鲜杂鱼；第二种是全价配合饲料；第三种是含70%～75%的剁碎新鲜杂鱼、20%～25%的花生饼（或豆饼）和米糠，另加适量黏合剂、矿物质、维生素和食盐等的配合饲料。池塘养殖乌鳢，投喂新鲜杂鱼的饵料系数为4～5。

养殖过程中，要坚持“四定”的投喂原则：定时，一般每天投喂2次，8～9时、16～17时各投喂1次，高温季节下午的投喂时间应适当推迟1～2小时；定位，即在池塘中的一定区域内用竹竿或硬塑料管围成面积约10 m^2大小

的方框，将饲料投放在方框内，不要随意改变投喂点，使乌鳢养成定点摄食的习惯；定质，即新鲜杂鱼当天收获后当天投喂，剩余的新鲜杂鱼加冰贮存或放入冷藏库保鲜，冰冻的杂鱼应先解冻，待其达到自然温度再投喂，不要投喂腐烂变质的杂鱼和带硬棘的黄颡鱼、刺鳅等；定量，即投喂适宜数量的饲料，放养初期鱼种较小，日投喂量为全池鱼总重量的 8% ～ 10%，随着水温的逐渐升高，鱼体不断增大，逐渐调整日投喂量且稳定在全池鱼总重量的 5% ～ 8%，养殖后期日投喂量逐渐调整全池鱼总重量的 3% ～ 5%。

每天具体的投喂量应根据季节、天气、乌鳢摄食情况等灵活调整。开春后，水温上升到 15℃时，投喂少量的饲料开食；清明节前后，水温逐渐升高，乌鳢的摄食量增大，投喂量应增加，因此，每年的 4 ～ 6 月和 8 月中下旬至 10 月中下旬，水温适宜，乌鳢摄食量大，鱼体新陈代谢旺盛，是乌鳢的生长高峰期，尽量使乌鳢吃好、吃饱、吃匀；每年的 7 ～ 8 月的 40 ～ 50 天时间内，由于持续高温，此时应控制投喂量，使乌鳢摄食八九成饱；每年的 11 月下旬，水温降至 12℃以下，停止投喂。晴天多投喂，阴雨天少投喂，天气闷热不投喂，雷雨或暴雨来临前不投喂，待雨后再投喂。仔细观察乌鳢摄食是否正常，如投喂时抢食凶则可多投喂，反之则少投喂。具体投喂方法是先投喂少量饲料，把乌鳢引至投喂点，接着快速把饲料分散投喂到乌鳢集中抢食处，再把饲料分散投喂到投喂点周围，一直到投喂点基本上没有乌鳢取食为止。

（2）水质调节。大量投喂蛋白质含量高的饲料，池塘内的残饵和乌鳢的排泄物逐渐增多，尤其是水温高的夏季，池塘水质很容易恶化。尽管乌鳢适应性强，但不良的水环境也不利于乌鳢生长。因此，池塘内除移植水生植物外还要经常换水，以保持水质清新和一定的水位。根据水质与季节换水，春、秋两季一般每隔 15 ～ 20 天换水 1 次，换水量为池塘总水量的 3/5；高温季节每隔 10 ～ 15 天换水 1 次，换水量为池塘总水量的 4/5 或全部。换水时，换水前后池水温差不宜超过 5℃，遇到池鱼摄食量明显减少、池水中多处出现黑色水块等情况，应及时充水或换水。在养殖中后期，根据水质和池塘底质的情况，每月全池泼洒 20 mg/L 的生石灰 1 ～ 2 次，调节 pH 值，改善水质。

（3）疾病预防。苗种消毒，可在鱼种下塘前用 3% ～ 5% 食盐水或 5% 的聚维酮碘溶液或 10 ～ 20 mg/L 高锰酸钾溶液等浸浴鱼种 15 ～ 30 分钟，浸浴的浓度和时间可根据鱼种大小、水温高低等灵活掌握。水环境消毒，在 4 ～ 10 月进行，可每隔 15 天或 20 天全池泼洒 20 mg/L 的生石灰或 0.7 mg/L 的硫酸铜等药物消毒池水 1 次。体内预防，可定期或不定期在饲料中拌入大蒜素、维生素、鱼用抗菌素等药物进行投喂。

（4）日常管理。每天早晚巡塘，细心观察乌鳢的摄食情况、活动情况和水质变化情况，以决定翌日的饲料投喂量以及是否需加水、换水。及时清除池塘内的杂物，勤捞残饵，勤捞生长过剩或枯死的水生植物，搞好清洁卫生。平时勤查排水口处和池堤是否有漏洞，发现漏洞及时修补。防止汛期大雨或暴雨漫池逃鱼；防止偷鱼，要求有专人日夜看守。每口池塘要建立养殖档案，认真记录养殖过程中的放养、天气、水质、投喂、发病、药物使用及收获等情况，便于总结分析。

5. 收获

经过精心的饲养管理，每年 3 ～ 4 月放养的过冬鱼种经过 6 ～ 8 个月的养殖，或每年 6 ～ 7 月放养的当年繁殖的鱼种经过 1 年的养殖，成活率可达 85% ～ 90%，个体均重 0.6 kg 以上，商品乌鳢产量为 2000 ～ 2500 kg/667 m^2，高的可达 3000 kg/667 m^2。

二、池塘混养

乌鳢混养是指在常规的成鱼饲养池或亲鱼培育池中，放入一定数量的乌鳢，增加养殖品种，以充分利用池塘的水体空间，提高经济效益。同时，利用乌鳢的食性特点，消除池塘中的野杂鱼，减少池塘饵料和氧气的消耗，促进主养鱼类的生长，从而提高池塘养鱼的产量。

在池塘中混养乌鳢，要求乌鳢的放养规格一致，并小于其他鱼的放养规格，不会攻击、咬食其他鱼，乌鳢的放养时间要晚于其他鱼 2 个月左右。乌鳢的放养密度一般为 20 ～ 30 尾 /667 m^2，若饵料充足可适当增加放养量；如果放养数量太多，饵料不足，会出现乌鳢咬食其他鱼或自残现象。在常规的成鱼池中混养乌鳢，每 667 m^2 最大容纳量不宜超过 15 kg。池塘的饲养管理工作以其他鱼为主，至年底，乌鳢个体可长到 0.4 ～ 0.6 kg。

第六节　乌鳢疾病防治技术

在自然环境里，乌鳢的生命力和对环境的适应能力都很强，但随着乌鳢集约化养殖的发展，由于放养密度大，大量投喂蛋白质含量高的饲料等，养殖水域水质恶化、鱼体抵抗力下降，从而引发各种疾病，带来较大的经济损失，成为制约乌鳢养殖业发展的重要因素。

乌鳢对疾病的抵抗力很强，只要在养殖过程中不断提高养殖技术和管理水平，做到“无病先防、有病早治、对症下药”，就能减少疾病的发生，提高养殖经济效益。乌鳢常见疾病特点及防治措施如下。

一、弹状病毒病

1. 症状

该病病原体为弹状病毒。病鱼在水中乱窜、打转，发病很急，肝脏及脾脏肿大、表面有大小不等的出血点，鱼鳔血管增粗，甚至整个鱼鳔都被出血斑块覆盖。水温较高（27 ～ 30℃）时容易引发该病，一般发生该病的池塘水体氨氮、亚硝酸盐含量都很高，较大的养殖密度和投料过量也容易引发该病。确诊需进行病毒的分离鉴定。

2. 防治方法

该病尚无有效的治疗方法，只能做好预防工作。①放养前用生石灰彻底清塘消毒。②如有条件，对乌鳢苗种进行必要的检验检疫，选择健康的苗种。③鱼种下塘前用 2% ～ 5% 食盐水或 20 mg/L 高锰酸钾溶液浸浴 15 ～ 20 分钟。④放养优质的乌鳢苗种，并降低养殖密度。⑤不要投喂过多的饲料。⑥高温季节要调控好水质，适时换旧水、注新水，保持水质清新。⑦每隔 10 ～ 15 天全池泼洒 20 mg/L 生石灰或 0.3 ～ 0.5 mg/L 二氧化氯 1 次。⑧定期在饲料中添加氟苯尼考、三黄粉、维生素 C、多维素和黄芪多糖等，增强鱼体的抗病能力，氟苯尼考用量为每千克鱼体重 5 ～ 15 mg，拌料投喂，每天 1 次，连喂 3 ～ 5 天；每千克鱼体重添加 0.25 g 或 0.5 g 三黄粉（按说明书使用），维生素 C 和多维素添加量均为鱼总重量的 0.3% ～ 0.5%，拌饵投喂，连喂 4 ～ 6 天；黄芪多糖的用量和用法按说明书执行。

二、诺卡氏菌病

1. 症状

诺卡氏菌病又称乌鳢结节病，病原体为诺卡氏菌。病鱼起初并无明显症状，仅表现为食欲下降，反应迟钝，上浮于水面。随着病情加重，体色变黑并伴有出血现象，眼球突出或外缘混浊，腹部膨大，真皮下形成脓疮，有干酪状坏死，鳃上有棉絮状结节，肛门红肿，内脏有肉眼可见的白色结节点（肉芽肿），以肾脏和脾脏最多且明显，肝脏、心包和鳔上偶尔可见。该病病程长，发病率和死亡率均较高，成鱼池多发于高温养殖期。确诊需进行细菌的分离鉴定。

2. 防治方法

首先大量换水，将池水的 3/4 排出，加入新水。然后全池泼洒 0.3 mg/L 的三氯异氰脲酸，隔天再用 1 次。可选用氨苄青霉素、硫氰酸红霉素或交沙霉素，用药量均为每千克鱼体重 22 mg，将药物放入面粉糊（或蛋清）中，再拌入饵料中，晾干制成预混料后投喂，连续投喂 6 ～ 9 天，并添加维生素 C 护肝，维生素

C 每天每千克鱼体重用量为 0.2 g。

三、出血性败血症

1. 症状

该病病原体为嗜水气单胞菌或温和气单胞菌等。病鱼不吃食，漫游于水面，反应迟钝，体色发黑并伴有出血现象，鳍基和下颌到肛门的腹部发红，有出血条纹，鳞片松散易脱落。有些病鱼还伴有眼眶充血和肌肉充血现象，严重时腹部肿胀，剖开腹部，腹腔内有血水，肝脏颜色变淡，有的呈苍白色，肝脏上有明显的出血点或瘀血块，胆囊肿大，胆汁呈深绿色，脾脏颜色变深呈紫黑色，胃肠道内无食物并因充血而发红。确诊需进行细菌的分离鉴定。该病可发生于乌鳢养殖的各个阶段，发病的适宜水温为 27 ～ 30℃，7 月中旬至 8 月下旬的高温季节为发病高峰，发病率和死亡率均较高。

2. 防治方法

预防为主，除去池底过多的淤泥，用生石灰彻底消毒；提高水位，增加换水次数，保持水质清新；投喂新鲜优质的饵料。发病期间，每隔 15 天全池泼洒 1 次 20 mg/L 的生石灰、0.3 ～ 0.5 mg/L 的二氧化氯或 0.3 mg/L 的二溴海因，病情严重时隔 1 ～ 2 天再泼洒 1 次。同时投喂氟哌酸（诺氟沙星）或氟苯尼考，用量为每千克鱼体重 20 ～ 50 mg，拌料投喂，每天 1 次，连喂 3 ～ 5 天。

四、腐皮病

1. 症状

该病病原体为点状产气单胞菌。病鱼体表某些部位出现红色出血点，出血处鳞片脱落，露出皮肤；随着病情的发展，患病部位皮肤红肿或脓肿甚至溃烂，严重时烂及肌肉和骨骼，溃烂处出血或有脓液。发病部位不定，但以头顶部、下颌部、背部为多。解剖可见肝脏有出血点，脾脏颜色变浅，其他内脏正常。确诊需进行细菌的分离鉴定。发病季节主要在越冬后，常继发水霉病，梅雨季节和 9 ～ 10 月为高峰期。该病病程长，常与出血性败血症并发，其发生与乌鳢的相互攻击、机械损伤及体外寄生虫的寄生性损伤等有关。感染率和死亡率均较高。

2. 防治方法

治疗以外用与内服相结合的方法进行。投喂新鲜的动物性饲料或营养全面的人工配合饲料，经常换掉部分旧水，注入适量新水，保持水质清新。全池遍洒 0.5 mg/L 强氯精或二氧化氯，投喂复方新诺明药饵，用药量为每千克鱼体重 50 mg，每天 1 次，连喂 3 ～ 5 天，首次用量加倍；或投喂土霉素药饵，用药量为每千克鱼体重 20 ～ 30 mg，每天 1 次，连喂 3 ～ 5 天。

五、腹水病

1. 症状

该病病原体为费氏枸缘酸杆菌。发病初期，病鱼食欲下降，有时在水面窜游，体色变黑，随后病鱼在水面乱游，不摄食，不怕人，眼球外突，局部鳞片脱落，并有点状出血，腹部膨大，肛门红肿。剖检可见皮下积水，肌肉水肿，有较多清亮的腹水，肝黄色，触之如泥状，肠道出血，局部坏死。确诊需进行细菌的分离鉴定。该病是近几年乌鳢较严重的细菌性疾病，不同规格的乌鳢均可发病，发病急，传播迅速，发病率和死亡率均较高。主要发病时间是气温较高的夏秋季，疾病流行高峰期的水温为 25 ～ 32℃。

2. 防治方法

放养鱼种及饲养操作过程中，应避免鱼体受伤；加强饲养管理，严禁投喂腐败变质的饵料，防止水质恶化。发病初期，全池遍洒 0.5 mg/L 的强氯精或二氧化氯，或全池泼洒 0.5 ～ 1 ml/m^3 的 10% 聚维酮碘溶液，连用 3 天，对水体进行消毒，杀灭水中的致病菌；同时投喂氟哌酸（诺氟沙星）或氟苯尼考，用量为每千克鱼体重 20 ～ 50 mg，拌料投喂，每天 1 次，连喂 3 ～ 5 天，杀灭鱼体内的致病菌。

六、流行性溃疡综合征

1. 症状

流行性溃疡综合征又称红点病、霉菌性肉芽肿，是由各种丝囊霉菌引起的一种以体表溃疡为特征的流行性真菌性疾病。研究表明，该病常继发感染乌鳢弹状病毒病和嗜水气单胞菌或温和气单胞菌等从而加重患病乌鳢的病情，在患病部位常可见原生动物鞭毛虫类大量堆积。病鱼早期厌食，上浮于水面，离群独游，体色发黑，在体表可见红斑；患病后期在体表出现较大的红色或灰色的浅部溃疡，在躯干部往往出现一些区域较大的溃疡灶，溃疡逐渐扩展加深，到达身体较深的部位，致使脑部或内脏暴露出来，继而导致死亡。将病灶四周感染部位的肌肉压片，可看到无孢子囊的丝囊霉菌的菌丝，结合流行病学与症状可进行初步诊断。确诊需进行病原的分离与鉴定。该病是流行于淡水、半咸水水域野生或养殖鱼类的季节性疾病，长期低水温和暴雨之后更容易发生。该病流行时间为 11 月至翌年 4 月，主要流行期为 12 月至翌年 2 月，发病水温为 15℃以下。该病病程较长，可持续 20 ～ 50 天。

2. 防治方法

①在捕捞、运输、放苗等过程中谨慎操作，尽量避免鱼体损伤。②在流行性溃疡综合征流行季节做好寄生虫病（如锚头鳋病、车轮虫病等）的防治工作。③

冬季或春季养殖期间，每隔 10 ～ 15 天全池泼洒霉没或聚维酮碘 1 次（均按说明书使用），以减少养殖水体中丝囊霉菌孢子的数量。④转塘、并塘前全池泼洒霉没 1 次，或转塘、并塘后全池泼洒聚维酮碘 1 次，以预防该病的发生。

该病目前没有特别有效的治疗方法，主要是进行预防。疾病发生早期建议按下述方法进行处理：第一天全池泼洒商品渔药正离子铜或双效鱼宁，第二天全池泼洒霉没，第三天全池泼洒鳜鱼康，均按说明书使用；连续投喂商品渔药服尔康 + 盐酸多西环素粉 + 新肝宝 + 酶合电解多维 + 穿梅三黄散 7 ～ 10 天，每天喂 1 次，均按说明书使用。

七、水霉病

1. 症状

该病病原体为水霉菌或绵霉菌。病鱼鱼体消瘦，摄食能力降低或厌食。发病初期症状不明显，仅体表局部有一些灰白色。随着病原体的蔓延，体表出现点状出血斑，病灶部位黑色素消褪，出现灰白色区域。鱼体失去光泽，离群独游，常滞留在水面、水草丛中或食台旁边。严重时，鱼体病灶部长出棉絮状的菌丝，组织坏死。病鱼体表黏液增多，焦躁不安，游动迟缓，食欲减退，最后瘦弱而死。确诊需进行真菌的分离鉴定。该病主要发生于水环境恶劣或水温较低（15 ～ 20℃）时，特别是阴雨天，大多因捕捞、运输、放养、体表寄生虫侵袭等损伤体表而引发，可造成大批鱼死亡。该病在乌鳢生长发育的各个阶段都会发生，是乌鳢越冬期间最易感染、危害较重的疾病。

2. 防治方法

避免鱼体受伤，捕捞、运输后用 2% ～ 5% 食盐水浸浴鱼体 15 ～ 20 分钟，或用 400 mg/L 的食盐和 400 mg/L 的小苏打合剂浸浴病鱼 24 小时，或以此浓度全池泼洒。治疗时，全池泼洒 0.3 ～ 0.5 mg/L 亚甲基蓝，连用 2 天；或全池泼洒 30 ～ 50 mg/L 的高锰酸钾溶液；或每 667 m^2（水深 1 m）用商品渔药水霉必康（硫代甲酸铵）120 ～ 150 g 全池泼洒。

八、车轮虫病

1. 症状

该病病原体为车轮虫。病鱼离群独游，鱼体消瘦，体表黏液增多，鱼体大部分或全身呈白色，游动缓慢，呈白头白嘴症状，因呼吸困难而死。镜检病鱼鳃丝、鳍条或体表黏液，见大量车轮虫。

主要危害乌鳢的鱼苗鱼种阶段。一年四季均可发生，而以每年 4 ～ 7 月较流行，适宜温度为 20 ～ 28℃。池小、水浅、水质不良、饵料不足、放养过密、连续下雨等情况易发病。

2. 防治方法

用生石灰彻底清塘消毒，杀死虫卵和幼虫。用0.5 mg/L的硫酸铜和0.2 mg/L的硫酸亚铁合剂全池泼洒。

九、小瓜虫病

1. 症状

该病病原体为多子小瓜虫。虫体寄生于病鱼体表、鳍条、鳃上，肉眼可见白色小点状胞囊，并伴有大量黏液，体表似覆盖一层白色薄膜，表皮糜烂、脱落。病鱼在水中反应迟钝，游动缓慢，浮游于水面，不时与固体物摩擦，最后呼吸困难而死亡。镜检病鱼的鳃丝或体表黏液，见大量小瓜虫。该病流行于春秋季，水温15～25℃时较为流行，对乌鳢的年龄无严格选择性。

2. 防治方法

①预防措施。鱼种放养前，一定要用生石灰彻底清塘；鱼种下塘前进行抽样检查，如发现有小瓜虫寄生，应采用药物药浴；加强饲养管理，保持良好的生活环境，增强鱼体抗病力。②治疗方法。目前尚无理想的治疗方法，在疾病早期可以采用以下方法治疗，有一定效果：用200～250 mg/L的冰醋酸溶液浸浴病鱼15分钟；全池遍洒2 mg/L的亚甲基蓝，连用2天；使用辣椒粉和干生姜煮沸半小时后全池遍洒，使用量为每立方米水体使用辣椒粉0.75 g、干生姜0.3 g；全池遍洒15～25 mg/L的甲醛，隔天1次，连用3次；全池遍洒5 mg/L的敌瓜虫（商品渔药）。注意防治该病时不宜全池泼洒硫酸铜。

十、碘泡虫病

1. 症状

该病病原体为碘泡虫。病鱼在水面打转，体色发黑无光泽，腹部肿胀，解剖时有淡黄色腹水，幼鱼肾脏有少量碘泡虫的孢囊，孢囊白色、圆形；在成鱼肾脏的前肾至后肾全部长满孢囊，形成了孢囊群，肾脏成了直径为2 cm左右的圆柱体，肾脏受损，从而导致腹水积聚，直至死亡。确诊需镜检孢囊。在幼鱼、成鱼中均有发现，感染率在90%以上，流行于5～8月。

2. 防治方法

对该病的治疗尚无良药，发病初期可以控制，病重者无法治疗。①用生石灰彻底清塘，杀灭底层淤泥中的孢子，最好施石灰后的第二天翻动底泥。②将病鱼、死鱼收集起来，烧毁或深埋于远离池塘处，深埋时撒上生石灰或漂白粉。③用1 mg/L的90%晶体敌百虫溶液药浴鱼种3～10分钟，具有良好的预防效果。发病池，在饲料中拌服孢虫杀，连用3～5天，外用灭虫精全池泼洒，隔3天后再用强效碘全池泼洒，连用2～3天，按说明书使用这些商品渔药。

第四章　苏氏圆腹𩷶健康养殖技术

第一节　苏氏圆腹𩷶养殖概况

苏氏圆腹𩷶 *Pangasius sutchi* 俗称淡水𩷶鱼、淡水鲨鱼、八珍鱼、巴丁鱼等，属鲇形目𩷶科𩷶属，主要分布于东南亚一带，是越南、泰国、菲律宾、马来西亚等国的重要淡水鱼养殖品种。苏氏圆腹𩷶肉质细嫩，味道鲜美，营养价值高，蛋白质含量高，肌间刺少，在市场上备受消费者的青睐。

不同区域的苏氏圆腹𩷶会在体色上呈现出较大的差异，主要有黑、粉、灰三种体色。我国于 1978 年从泰国引进黑色苏氏圆腹𩷶，后于 1998 年从马来西亚引进粉色苏氏圆腹𩷶，并在广西、广东、海南等地进行试养。近些年，我国市场对越南“巴沙鱼”产品的井喷式需求，国内苏氏圆腹𩷶苗种生产量已无法满足当前养殖需要，越南灰色苏氏圆腹𩷶苗种通过边贸和其他途径进入我国境内。

第二节　苏氏圆腹𩷶生物学特性

一、形态特征

苏氏圆腹𩷶体形侧扁，体色青灰、黑色或粉色，腹部银白，体表光滑无鳞；头部圆锥形、扁平；吻短，口亚下位，上、下颌具小齿；下颌须、触须各 1 对；眼中等大小；背部隆起，腹圆无腹棱；鳃膜发达，在颊部联合，鳃耙长，呈条状；背鳍位于背部的最高处，胸鳍胸位，腹鳍小，臀鳍较长；正尾形，分叉 。黑色和灰色苏氏圆腹𩷶幼鱼体侧有 3 ～ 4 条纵向蓝绿色条纹，成鱼条纹消失（图 4–1）。粉色苏氏圆腹𩷶幼鱼则自小至长成，体侧无条纹，通体粉红色（图 4–2）。

图 4-1 苏氏圆腹鲢（青灰色）

图 4-2 苏氏圆腹鲢（粉红色）

二、生活习性

苏氏圆腹鲢喜静，一旦受惊即会在水中乱窜。正常生长水温为 20 ～ 34℃，最适生长水温为 26 ～ 32℃，当水温降至 14 ～ 16℃时，一般不摄食，水温 12℃以下时易冻伤，甚至死亡。

苏氏圆腹鲢体质健壮，对环境适应性强，无论是适应力还是抗病力，皆比其他鱼类强，且耐低氧能力强。它的鱼鳔为辅助呼吸器官，具有辅助呼吸作用，能游上水面吸气，当“四大家鱼”因缺氧严重浮头时，该鱼仍能正常生活。

三、食性与生长

苏氏圆腹鲢为杂食性鱼类，十分贪食。幼鱼阶段以浮游动物、水生昆虫、水蚯蚓、鳗鱼饲料等为主要食物。成鱼阶段食很广，以有机碎屑、蚯蚓、水生昆虫

和野杂鱼等动物性饵料为主要食物。在养殖条件下，苏氏圆腹𩷶成鱼饲养可投喂麦麸、豆饼、鱼、虾、螺肉、蚌肉、畜禽下脚料以及人工配合饲料等。

在适温范围内，当年的苏氏圆腹𩷶生长速度很快。据记载，人为营造适宜的生长条件，当年养殖的苏氏圆腹𩷶最大体重可达 2.5 kg 以上。一般在池塘养殖的条件下，当年的苗种经过 4 ～ 5 个月饲养，个体重达 0.4 ～ 0.6 kg；投放体长 12 ～ 15 cm 的过冬鱼苗，当年底可长至 1.5 ～ 2.0 kg，1 ～ 3 龄时生长速度最快。

（1）在饵料丰富、温度和其他生态因子适宜时，苏氏圆腹𩷶生长比较迅速，体重、体长可成倍增长。其生长主要受温度、饵料、年龄和生理状况等影响，与其他鱼类的生长规律相近，它的生长曲线也基本符合 S 模型。苏氏圆腹鱼艺的生长规律是，幼鱼时体长增加较快，体重增加相对较慢；当体长增长到某一长度以后，体长增长速度便开始减慢，而体重却增加得很快。有资料表明，在 6 ～ 10 月的适宜生长期内，苏氏圆腹𩷶一般可按平均日增 15 g 以上的速度生长。饲养 2 年的苏氏圆腹𩷶可长到 2 kg 以上。

（2）苏氏圆腹𩷶的正常生长水温一般为 20 ～ 34℃，以水温 26 ～ 32℃最适宜。因此，生长季节一般为 4 ～ 11 月。我国地域广袤，各地养殖苏氏圆腹𩷶的周期则因气候环境条件不同而长短有别。

（3）在人工投饵的条件下，饵料种类和数量都会直接影响苏氏圆腹𩷶的生长。据试验，在鱼苗规格、放养密度和环境条件都相似时，无论是个体生长还是群体产量，投喂精饲料均优于粗饲养。精饲料中尤以含有一定数量的动物性饲料如鱼粉、蚕蛹粉的混合饲料长得最快。因此，在养殖中通过人工施肥培养浮游生物来促其生长是可行的。在放养密度较大时，必须辅以一定的精饲料。

四、繁殖习性

苏氏圆腹𩷶性成熟年龄为 3 ～ 4 龄（雄鱼 3 龄，雌鱼 4 龄），成熟个体体重 3 kg 以上；5 ～ 9 月为繁殖季节，每年产卵 1 次；繁殖水温为 26 ～ 31℃，个体怀卵量每千克可达 146000 粒。卵黏性，黄绿色，呈透明状。

第三节　苏氏圆腹𩷶人工繁殖技术

一、亲鱼的选择

一般选择在池塘或网箱养殖的非近亲繁殖的性成熟个体作为亲鱼，雄鱼 3 龄以上，雌鱼 4 龄以上，个体重 3.5 kg 以上。要求亲鱼体格健壮，无病、无伤、无畸形。

二、亲鱼培育

常通过池塘养殖和网箱养殖培育苏氏圆腹𩷶亲鱼。池塘培育面积一般为 1500 ～ 3000 m^2，水深 1.5 ～ 2.5 m，池底平坦，保水性好，淤泥厚度≤ 20 cm。水源充足，水质清新无污染，排灌方便，环境安静，靠近产卵孵化设施。亲鱼放养前 10 ～ 15 天进行清塘消毒，带水消毒每 667 m^2（水深 1 m 左右）用生石灰 100 ～ 150 kg，干法消毒每 667 m^2（水深 15 ～ 20 cm）用生石灰 75 ～ 100 kg，全池泼洒。

每 667 m^2 放养亲鱼 300 ～ 350 kg，雌雄比例为 1 :（1 ～ 1.2），可混养全长 15 ～ 20 cm 的鲢鱼 50 尾 /667 m^2、鳙鱼 100 尾 /667 m^2。

以投喂粗蛋白质含量为 30% ～ 35% 的浮性颗粒配合饲料为主，适量添加维生素 C、维生素 E 等。日投喂量为鱼体总重量的 2% ～ 3%，视水温、天气和摄食情况酌情增减。每天 9 ～ 10 时、16 ～ 17 时各投喂 1 次。催产前 15 ～ 20 天应适当减少投喂量，催产前 1 天停食。4 月上旬至催产前，每天原池动力冲水 3 ～ 5 小时。每周加注新水 1 ～ 2 次，每次加水 15 ～ 30 cm；或采取微流水培育，7 ～ 10 天交换池水 1 次。

网箱培育苏氏圆腹𩷶亲鱼，放养密度为 30 ～ 50 kg/m^2，可混养鲮鱼或细鳞斜颌鲴 1 ～ 2 尾 /m^2。投喂和日常管理同池塘培育。

当自然水温下降至 22℃前将亲鱼移入越冬池塘（最好是温泉水的池塘）越冬，一般越冬池塘亲鱼放养密度为 500 ～ 600 kg/667 m^2；用温泉水或电厂冷却水越冬的池塘亲鱼放养密度为 1000 ～ 1500 kg/667 m^2，越冬池塘可混养全长 15 ～ 20 cm 的鲢鱼 50 尾 /667 m^2、鳙鱼 100 尾 /667 m^2。要求越冬池塘的水温保持在 18 ～ 28℃；水体溶氧量保持在 4 mg/L 以上；并根据天气变化，适时换水，通风换气。越冬期间日投喂量为鱼体总重量的 1% ～ 2%，并视其摄食情况酌情增减。

在日常操作过程中注意尽量避免惊扰亲鱼，减少其应激反应。当自然水温稳定在 22℃以上时将亲鱼移出越冬池塘。

三、人工繁殖前的准备

设备和药物是人工繁殖的必要条件。人工繁殖前应检查产卵池、孵化池、水泵和管道，发现问题及时处理。对人工繁殖时需用到的如马来酸地欧酮、人绒毛膜促性腺激素、促黄体素释放激素类似物等应备足。对用于防治疾病、消毒及净

化水质的含碘、含氯类药物要注意它们的有效期。此外，还需备好毛巾、碗、盆、鸭或鹅的翼羽毛等常用物品。

四、催产亲鱼的选择

苏氏圆腹𩷶亲鱼的成熟期一般为 5 ～ 9 月，催产适宜水温为 26 ～ 31℃。成熟的雌鱼体形较宽，腹部膨大、柔软，腹部向上可见明显的卵巢轮廓；生殖孔红润稍突（图 4-3）。成熟的雄鱼体形较瘦长，腹部扁平；生殖孔微红稍凹，轻压后腹部有乳白色的精液流出，遇水即散。催产前按雌 ：雄 = 1 ：（1 ～ 1.2）的比例挑选出成熟的亲鱼。

图 4-3 苏氏圆腹𩷶雌鱼（卵巢轮廓明显）

五、催产药物的使用

苏氏圆腹𩷶常用的催产药物包括人绒毛膜促性腺激素（HCG）、促黄体素释放激素类似物 2 号（$LRH-A_2$）和马来酸地欧酮（DOM）等。雌鱼单用这些催产药物的剂量，HCG 为 800 ～ 1500 IU/kg，$LRH-A_2$ 为 5 ～ 15 μg/kg，DOM 为 5 ～ 15 mg/kg；雄鱼的催产药物使用剂量为雌鱼的 1/3 ～ 1/2。具体的催产剂用量视季节、水温及亲鱼成熟程度酌情增减。2 种或 3 种催产剂混合使用，催产效果更佳。

一般采用胸鳍基部或背鳍基部注射，针头朝鱼头部方向与鱼体轴线成45° ～ 60° ，进针深度为 0.5 ～ 0.8 cm（图 4–4）。雌鱼采用 2 次注射，第一次注射总剂量的 1/4 ～ 1/3，间隔 8 ～ 12 小时后注射余量；雄鱼采用一次性注射，在雌鱼第二次注射时进行。

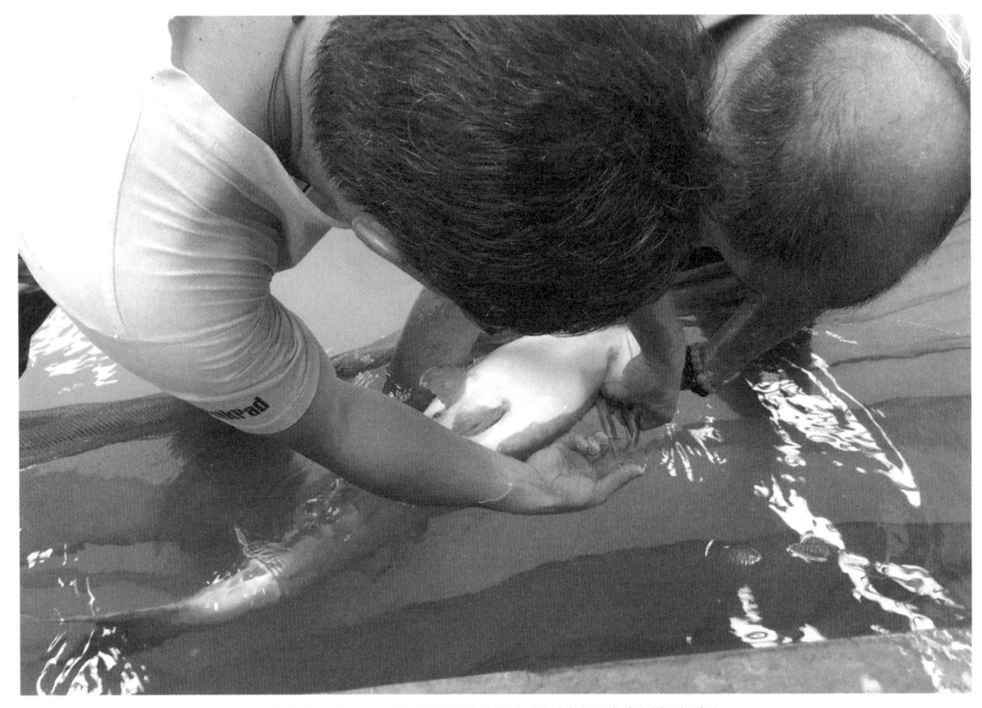

图 4–4　在苏氏圆腹𩷶胸鳍基部注射催产剂

六、注射后亲鱼的暂养和检查

将注射催产剂后的亲鱼放入同一催产池内暂养，加注新水或原池动力冲水进行流水刺激。临近效应时间时检查亲鱼，轻压亲鱼后腹部可见游离的卵粒流出或生殖孔有包裹卵粒的透明膜突出，应马上进行人工授精。

七、催产效应时间的掌握

效应时间随水温和催产剂的种类与剂量而异，水温 26 ～ 27℃，效应时间为12 ～ 14 小时；水温 28 ～ 29℃，效应时间为 9 ～ 11 小时；水温 30 ～ 31℃，效应时间为 6 ～ 8 小时。在进行批量人工催产时，亲鱼个体达到效应时间后，不超过 6 小时产出的卵质量较好，超过效应时间 6 小时产出的卵受精率、孵化率急剧下降。

八、人工授精

人工授精的受精率较高，在雄鱼较少时使用此法较好，但需把握适宜的授精

时间，否则会降低受精率。人工授精可采用干法授精，即擦干亲鱼鱼体后，在擦干的洁净的盛卵器皿中，挤入卵子并快速挤入精液，用羽毛轻轻搅拌 30 秒至 1 分钟，使精液、卵子充分接触并完成受精，一般 1 尾雄鱼的精液可供 1 尾雌鱼的卵受精。苏氏圆腹鲶鱼卵也可通过湿法授精，与干法授精不同之处在于，挤卵前首先在干净的盛卵器皿中加入适量 Burnstock 淡水鱼生理盐水（任氏液），再依次挤入卵子、精液，用羽毛轻轻搅拌 30 秒至 1 分钟，快速加入适量的洁净淡水并搅动，使鱼卵充分受精（图 4–5、图 4–6）。整个人工授精过程要避免阳光直接照射，防止出现畸形鱼苗。

图 4–5　苏氏圆腹鲶人工授精并布卵

图 4-6　将布好卵的孵化片置于水泥池中孵化

九、孵化方法

第一种，直接使用鱼苗培育池进行孵化，以减少鱼苗转塘的操作，这是黏性鱼卵孵化最常用的方法。第二种，在孵化片两面布卵，将布好卵的孵化片置于水泥池中孵化，孵化片由 40 目的尼龙筛绢网布及镀锌铁线框架制成，这种孵化方法可人为控制孵化的条件（如水温、溶氧量、水质等），可大量孵化鱼苗。第三种，用滑石粉或黄泥水对受精卵进行脱黏（可参考黄颡鱼受精卵的脱黏操作），然后用孵化环道、孵化缸（桶）等进行孵化。鱼苗培育池、水泥池、孵化环道、孵化缸（桶）等使用前都要进行消毒处理。

十、孵化密度

孵化片的布卵密度为每平方厘米 20 ~ 30 粒，孵化池布卵密度为每立方米 15 万～ 20 万粒；孵化环道、孵化缸（桶）孵化密度为每立方米 60 万～ 80 万粒。

十一、孵化管理

孵化用水要经 60 ~ 70 目双层尼龙筛绢网过滤。采用孵化片布卵孵化，孵化池水深 50 ~ 60 cm，孵化片直立悬挂于水中。由于卵巢液和精液随受精卵进入

孵化池，胚胎发育过程中会产生大量的废物败坏水质，因此在受精卵开始孵化后12小时和鱼苗出膜时均需要持续大量换水，避免孵化水质恶化。

十二、孵化时间

水温26～27℃，孵化时间为20～25小时；水温28～29℃，孵化时间为18～20小时；水温30～31℃，孵化时间为15～17小时。

十三、仔鱼护理

出膜后2～3天的仔鱼卵黄吸收完毕、能平游时即可投喂丰年虫无节幼体、轮虫、小型枝角类、蛋黄等饵料，进入鱼苗培育阶段。

第四节 苏氏圆腹鲢苗种培育技术

一、培育前的准备

1. 清池（塘）消毒

放养前，需对育苗水泥池和池塘进行清池（塘）消毒，以杀灭致病微生物、寄生虫以及对鱼苗生长不利的野杂鱼、虾、青蛙、蝌蚪、水生昆虫、青泥苔、水网藻等敌害生物，减少鱼苗病虫害的发生。

（1）水泥池的清池消毒。先注入少量水，用毛刷带水洗刷全池各处，清洗后调配高浓度的漂白粉或高锰酸钾溶液全池泼洒水泥池的内表面，池底浸泡1天后再次清洗，注入清水，放入鱼苗。新建的水泥池，必须先用硫代硫酸钠进行“脱碱”，并用淡水浸泡15天后试水，确认无毒后才能放养鱼苗。

（2）池塘清塘前，务必确保塘堤坚实、无渗漏，以防止鱼苗逃出或其他鱼苗窜入池内造成危害。有条件的池塘可干塘阳光曝晒1周左右，清塘可在鱼苗放养前7～10天进行。用生石灰清塘，可清除病原体和敌害，减少疾病，还有澄清池水、改善池底通气条件、稳定水中酸碱度和改良土壤的作用。按60～75 kg/667 m^{2}生石灰分别放入小坑中，注水溶化成石灰浆水，将其均匀泼洒全池，再将石灰浆水与泥浆搅匀混合，以增强消毒效果。翌日注入经过滤的新水，经7～10天培育好水质后即可放养鱼苗。

2. 培育水质

在鱼苗下塘前7～10天注入新水，注水深度为40～50 cm。注水时应在进水口用60～70目的筛绢网过滤，严防野杂鱼、小虾、蛙卵和有害水生昆虫入池。注水后施放腐熟的鸡、鸭、猪、牛、羊等的粪尿，施肥量为150～200

kg/ 667 m^2。施肥后 5 ～ 7 天即出现轮虫的高峰期，并可持续 3 ～ 5 天。之后视水质肥瘦、鱼苗生长和天气情况适量施追肥。培育水质的目的是让鱼苗下塘后，能吃到丰富的适口饵料轮虫等浮游动物。

二、鱼苗培育

苏氏圆腹𩷶鱼苗孵出后 1 ～ 2 天，主要靠卵黄囊内的营养物质维持生命活动，2 天后，随着卵黄逐渐吸收完毕，由内源性营养向外源性营养转化。2.5 ～ 3 天，胃囊形成、消化道贯通后，鱼苗表现出对活体强烈的摄食欲望，其在游动时，上下颌各长出一排三角形尖齿，不停地咬合，常常会出现相互追咬、互相残食的现象，有时是一尾鱼苗咬住另一尾鱼苗的尾巴并吞食，有时甚至几尾咬在一起，或者互相咬噬对方的头部，尾巴被咬掉或头部受伤的鱼苗，不久即失去活动能力，或被吃掉，或慢慢死去。这个时期如果不及时投喂开口料，往往造成大量死亡，饵料投喂不足或不适口也会出现互相残食，这种情况可从鱼苗开口觅食持续到 7 天以后。

目前苏氏圆腹𩷶鱼苗培育有 2 种方式，即传统池塘培育鱼苗和水池集约化培育鱼苗。这 2 种鱼苗培育方式各有不同的特点，均属有效的苏氏圆腹𩷶鱼苗培育方法。池塘培育苏氏圆腹𩷶鱼苗，主要是借鉴我国传统鱼苗培育方法，即肥水（繁殖大量的轮虫等浮游动物）下塘，并辅以人工配合饵料，鱼苗培育成本低，但鱼苗培育成活率相对较低。水池集约化培育鱼苗，采取的是水池有限水体的鱼苗高密度培育管理，对水体水质控制、饵料营养配比、疾病防控等均需要较高的技术要求，鱼苗培育成活率也较高。

1. 池塘培育鱼苗

培育鱼苗的池塘要求周围环境良好，向阳，光照充足；池塘水质浑浊度小，pH 值 7 ～ 8，溶氧量在 5 mg/L 以上，透明度为 30 ～ 40 cm；无野杂鱼、虾、青蛙、蝌蚪、水生昆虫、青泥苔、水网藻等敌害生物。

鱼苗下塘前，要根据生物学原理，培育好池塘水质，利用浮游生物生长规律和鱼苗摄取食物规律一致性来确保鱼苗培育的成活率。池塘施肥后，各种生物的出现速度和数量出现高峰的时间有所差异，其先后一般为浮游植物、浮游动物和原生动物、轮虫和无节幼体、小型枝角类、大型枝角类、 桡足类、底栖动物。苏氏圆腹𩷶从鱼苗入池到体长 3 cm 的摄食对象一般是轮虫、无节幼体、小型枝角类、大型枝角类、桡足类、底栖动物。池塘适时肥水和鱼苗适时下塘，可使鱼苗始终都有丰富适口的天然饵料，这是池塘培育好鱼苗的技术关键。生产实践表

明，如果水温在 20 ～ 30℃，注水施肥后 7 ～ 9 天投放鱼苗较合适，鱼苗放养密度为 8 万～ 10 万尾 /667 m^2，不宜搭配其他鱼类，一般以单养为好。鱼苗放养时水温温差不能超过 2℃。

生产上常采用施放有机肥料和泼洒豆浆相结合的混合饲养方法来培育水体浮游生物，为鱼苗提供充足的饵料，减少鱼苗间的相互残食。其技术关键是鱼苗下塘前 5 ～ 7 天，每 667 m^2 施有机肥 250 ～ 300 kg；鱼苗下塘后，每天每 667 m^2 泼洒 2 ～ 3 kg 黄豆磨成的豆浆，下塘 10 天后，根据水体浮游生物量和鱼苗生长情况相应地增加豆浆的泼洒量；下塘后间隔 3 ～ 5 天，追施有机肥 160 ～ 180 kg/ 667 m^2，加注新水 1 次，每次加水 10 ～ 15 cm。

此外，鱼苗培育池需定期泼洒微生物制剂对池塘底部的豆渣等残饵、鱼粪便进行分解处理，防止水体氨氮和亚硝酸盐含量升高，影响鱼苗生长和发生鱼病。

2. 水池集约化培育鱼苗

通过合理布局、配套完备的流水水泥池可以将苏氏圆腹鲇鱼卵孵化和集约化培育鱼苗的流程形成一体，减少人为操作造成的鱼苗损失。流水水泥池的面积一般为 10 ～ 20 m^2，水深 0.6 ～ 0.8 m，池底平坦，排水口能方便将池底污物及鱼的粪便外排，水源充足，水质清新，溶氧量高，无敌害生物。流水水泥池放养全长小于 1.5 cm 的苏氏圆腹鲇鱼苗 5000 ～ 10000 尾 /m^2 较为合适，密度过大易加剧鱼苗间的相互残食，降低鱼苗培育成活率。

开始主动摄食的鱼苗可投喂丰年虫幼体或小型枝角类，每天投喂 4 ～ 6 次。经 8 ～ 10 天的培育，鱼苗全长达 1.5 ～ 2 cm，此时逐渐增加投喂搓成团状的鳗鱼饲料或消毒过的剁碎的适口的水蚯蚓。培育期间，每周向培育池泼洒亚硝酸盐降解菌剂 1 次，每次投放量为 0.3 g/m^3，以此分解培育池中部分残饵及鱼的粪便。在投喂鳗鱼饲料及水蚯蚓时，每隔 3 天拌喂大蒜素、维生素 C 预防鱼病的发生。日常管理要每天对流水水泥池的水质进行检查，检查水源是否带有污染物；定期清除池底污物，减少水质污染源；检查鱼苗是否发生疾病，如发生疾病要及时采取治疗措施。

三、鱼种培育

鱼苗经过 15 天的培育，全长已超过 2 cm（图 4–7），需要进行分池，以便继续培育成大规格鱼种，一般采用池塘进行鱼种培育。鱼种捕捞、分塘培育前一般先拉网捕捞，多拉几次对鱼种进行锻炼，尽可能地用网起捕，以减少对鱼种的伤害，最后采用干池捕捉。拉网捕捞要在鱼不浮头时进行，一般以晴天 9 时以后、14 时以前为好。起网时尽量带水操作，避免鱼种的胸鳍硬棘挂钩网眼造成损伤，收网后形成吊网集中锻炼鱼种 1 小时左右，让鱼种适应密集环境后即可过塘分养。

图 4-7 苏氏圆腹𩷶鱼种

鱼种塘一般采用水泥护坡的池塘，面积以 3 × 667 m^2 为宜。鱼种下塘前用生石灰 100 kg/667 m^2 + 茶麸 20 kg/667 m^2 带水清塘，然后加水至 1 m，待清塘药物的毒性消失后，将用 3% 食盐水浸浴 3 ～ 5 分钟的鱼种按 100 尾 /m^2 的密度移入塘中。培育前期，在东西两侧塘边用绳索悬挂食篮（台）5 ～ 6 个，用于投放团状鳗鱼饲料，上午、下午各投放 1 次。鱼种长至 8 ～ 10 cm 后，逐渐转投蛋白质含量在 38% 以上的 0# 至 1# 人工配合膨化饲料。日常管理要经常巡塘，防止泛塘；每隔 7 ～ 10 天加注新水 10 ～ 20 cm；发现死鱼及时捞出并做无害化处理。

我国绝大部分地区，在每年 5 月以后繁殖的苏氏圆腹𩷶鱼苗，当年是无法长成商品鱼的，要将这些鱼种进行越冬，等到翌年再继续养成商品鱼。因此，苏氏圆腹𩷶鱼种培育还需要做好越冬设施的建设和越冬期间的管理工作，目的是避免越冬水温长期低于 17℃，造成鱼种冻伤、冻死。

第五节　苏氏圆腹鲢成鱼养殖技术

苏氏圆腹鲢食性杂，适应性强，养殖周期短，所以适合在各类水体中养成商品鱼。目前，苏氏圆腹鲢已成为池塘养殖、网箱养殖、稻田养殖和流水高密度养殖的热门选择之一。

一、池塘养殖

1. 池塘条件

养殖苏氏圆腹鲢的池塘条件要求不严，一般养殖“四大家鱼”的池塘或农村的小水塘、沟渠都可以养殖。池塘面积 2000 ～ 10000 m^2，水深 1.5 ～ 3.0 m，池底平坦，底质以沙质为好；进、出水口设防逃设施；每 2000 m^2 池塘配备 1.5 kW 的叶轮式增氧机 1 台。

2. 池塘准备

池水水深 20 cm 左右，用 150 ～ 200 g/m^3 生石灰或 5 ～ 10 g/m^3 三氯异氰尿酸，经溶解后全池泼洒。1 天后注水至 0.8 ～ 1.2 m。7 天后放入 10 ～ 15 尾鱼种试水，24 小时后试水鱼活动正常即可大量放养鱼种。

3. 鱼种放养

苏氏圆腹鲢鱼种具体放养时间要根据各地的气温、水温而定，只要水温适宜，在时间上以提早放养为好，以延长其生长期，提高成鱼产量。一般长江中下游地区的放养时间是每年的 4 月底或 5 月初，北方地区以 5 月下旬至 6 月上旬为宜。当年的鱼苗，无论是早期苗还是中期苗，都要坚持养成全长 8 cm 以上，并力争在 6 月底前放养，越早越好。大规格鱼种对环境有较强的适应能力，从而保证较高的成活率。

放养的鱼种要求规格整齐，体质健壮，体表完整，无伤病，无畸形，活动能力强，经检疫合格；鱼种规格，全长≥ 10 cm；主养苏氏圆腹鲢的放养密度为 2000 ～ 3000 尾 /667 m^2，配养 10 ～ 15 cm 的鲢、鳙鱼种 100 ～ 150 尾 /667 m^2；混养苏氏圆腹鲢的放养密度为 300 ～ 500 尾 /667 m^2。鱼种放养前用 3% 食盐水浸浴 5 ～ 10 分钟，或用 10 mL/m^3 的 1% 聚维酮碘溶液浸浴 10 分钟。

4. 饲养管理

（1）饲料投喂。以投喂浮性配合颗粒饲料为宜，粗蛋白质含量在 32% 以上，所用饲料颗粒大小应适口。日投喂量为鱼体总重量的 3% ～ 5%，每天 8 ～ 9 时、18 ～ 19 时各投喂 1 次。以投喂后 30 分钟内吃完为宜。

（2）水质调控。池塘养殖苏氏圆腹鲢过程中，要适时冲注新水或合理使用增氧机，无论是主养还是混养苏氏圆腹鲢，都要求水质肥沃，日常追加施肥要掌握少而勤的原则，使水体透明度保持在 25 ～ 30 cm 为好；每隔 15 ～ 20 天用 20 g/m^3 的生石灰全池泼洒 1 次，保持水体呈弱碱性以利于苏氏圆腹鲢的生长。

（3）鱼病防治。在池塘养殖苏氏圆腹鲢，需要做好预防鱼病的 5 个措施：一是放养鱼种前，坚持清塘消毒，一般用生石灰 20 kg/667 m^2，用水溶化后迅速全池泼洒；二是放养健壮无病的鱼种，鱼种下塘前要用 3% ～ 5% 食盐水浸泡 10 ～ 15 分钟；三是饲料质量要有保证；四是定期投喂药饵，预防肠道疾病的发生；五是发生疾病应马上采取治疗措施。对于已经发生的疾病，要积极进行诊断并采取有效的方法进行治疗，具体的疾病防治方法见本章第六节。

二、网箱养殖

1. 网箱的设置与准备

网箱养殖苏氏圆腹鲢，放养密度大，要求设置的地点水深适宜、水质良好且管理方便。这些条件都将直接影响网箱养殖的效果。苏氏圆腹鲢喜肥水，所以设置网箱的地点应选择在上游浅水区，离岸较近，通电，水路、陆路交通方便。也可在面积 13340 m^2 以上的池塘和水库里，安放网箱养殖苏氏圆腹鲢。保持设置区的水深在 2.5 m 以上，网箱的间距应保持在 3 ～ 5 m。对于一些以蓄、排洪为主的水域，网箱排列以整行、整列布置为宜，以免影响行洪的流速与流量。根据进箱的鱼体规格，准备相应规格的网箱，提前 10 天将网箱浸泡在水中以附着藻类，防止网衣擦伤进箱鱼种。

2. 鱼种放养

要求放养的苏氏圆腹鲢鱼种全长 ≥ 12 cm。放养密度为 120 ～ 150 尾 /m^2，配养 10 ～ 15 cm 的鲮鱼、斜颌鲴或红罗非鱼 5 ～ 10 尾 /m^2。由于网箱水体有限，苏氏圆腹鲢能利用的附着藻类和腐殖质较少，主要依靠人工配合饲料维持生长，因此投放的鱼种规格越大，对网箱水体环境和人工配合饲料的适应性更好，生长越快。一般在放养后的 7 ～ 10 天内，鱼种有 1% ～ 2% 的死亡率。但是，如果鱼种的健康状况良好，而且小心操作，不损伤鱼体，鱼种的成活率可以达到 100%。鱼种在进箱之前，应进行消毒，以防止感染水霉和寄生虫的寄生。可用 0.5% 食盐和 0.5% 小苏打溶液浸浴鱼体，时间长短可视鱼种的耐受能力而定。

3. 饲养管理

网箱养殖苏氏圆腹鲢，以投喂浮性配合饲料为主。投饲于饲料框中，饲料框置于水面下 25 cm。投喂高质量的颗粒饲料是极其重要的，投喂的饲料必须营养全面，含有完全的维生素和矿物质预混剂，还应额外添加维生素 C 和磷质，蛋白质含量一般应为 35% ～ 38%。日投喂 2 次，上、下午各 1 次，投喂时间分别为 8 ～ 10 时和 16 ～ 18 时。日投喂量主要根据苏氏圆腹鲶的体重和水温来确定，可定期抽样测算存鱼体重，计算日投喂量。当水温在 18 ～ 23℃时，日投喂量为鱼体总重量的 5% ～ 7%；水温在 24 ～ 30℃时，日投喂量为鱼体总重的 7% ～ 10%；水温超过 30℃时，投喂量应减少；水温超过 35℃时，停止投喂。每天的实际投喂量还要根据当天的天气、水质、鱼的食欲、鱼浮头和鱼病等情况，确定增加或减少，以鱼种 30 分钟左右摄食完为宜。饲料必须有良好的适口性，随着鱼体的生长，颗粒饲料的粒径也应随之变化。

日常管理要注意察看网衣，如有破损，及时修补；观察鱼的动态，如有鱼病发生和出现异常等情况，及时治疗；保持网箱清洁，使箱内外水体交换畅通；大风或洪水来临前，及时加固设备、网箱等。

三、稻田养殖

1. 稻田的条件

一般水源充足、雨季水多不漫田、旱季水少不干涸、排灌方便、无有毒污水和低温冷浸水流入、水质良好、土质肥沃、保水力强的稻田都可以用来养殖苏氏圆腹鲶。养殖稻田要建有高 40 ～ 50 cm、宽 30 cm 的田埂，配备排水渠；开挖有鱼沟和鱼溜，且沟、溜应相通；布设有用竹、木或网制作的拦鱼设备，安设在稻田的进、出水口处或田坡中，以防鱼溯水外逃。

2. 饲养管理

单养苏氏圆腹鲶时，稻田每 667 m^2 放养 8 cm 左右的鱼种 200 ～ 300 尾，可获得 80 ～ 120 kg 成鱼。混养苏氏圆腹鲶时，一般每 667 m^2 放养 10 cm 的苏氏圆腹鲶鱼种 100 ～ 200 尾，还可以搭养 10 ～ 15 尾鲢鱼、鳙鱼的鱼种。稻田养殖苏氏圆腹鲶过程中，应注意以下几点。

（1）水位管理。稻田在插秧后 20 天内，保持水深 3.5 cm，让秧苗浅水分蘖；20 天以后，秧苗分蘖基本结束，随着秧苗的生长，逐渐加深田水至 10 cm，这对控制秧苗无效分蘖和鱼的生长都有好处。因晚稻插时气温高，必须加深田水，以免秧苗晒死，也有利于鱼的生长。

（2）转田管理。早稻收割到晚稻插秧期间，有犁田、耙田的农活要做，这些农活往往会造成一部分鱼死亡。为了避免这种损失，必须发挥鱼沟、鱼溜的作用，利用鱼沟、鱼溜把鱼从稻田转入小池塘中暂养，待插完晚稻秧苗后，再提高稻田水位，把鱼放回稻田中，以减少转田鱼的损伤和死亡。

（3）施肥管理。以施农家肥为主。如果施用化学肥料作追肥，应本着少量多次的原则，每次施半块田，并注意不要将化肥直接撒在鱼沟和鱼溜内。

（4）施药管理。防治水稻病虫害，要选用高效低毒农药，避免使用苏氏圆腹鲶比较敏感的药物，可在使用农药前做试水。为了确保鱼的安全，在养鱼稻田中施用各种农药防治病虫害时，均应事先加灌 4 ～ 6 cm 深的水。同时，在喷洒药液（粉）时，注意尽量喷洒在水稻茎叶上，减少药物落入稻田水体中。

（5）投饵。在稻田中养殖苏氏圆腹鲶，一般不需要投饵。如果稻田太瘦，水体中的活饵料太少，尤其是动物性饵料不能满足苏氏圆腹鲶的生长发育时，可定期、定时少量投喂配制好的人工配合饲料。

（6）其他管理同常规养殖苏氏圆腹鲶一样。

四、流水高密度养殖

1. 流水高密度养殖的类型

由于苏氏圆腹鲶具有耐低溶氧、对水质要求较低等特点，因此比较适合进行流水高密度养殖。依据水源和用水过程处理方法的不同，养殖方式有以下几种。

（1）自然流水高密度养殖。利用江湖、山泉、水库等天然水源的自然落差，根据地形建池，或采用网围、网栏等方式进行养殖。自然流水养殖不需要动力提水，水不断自流，鱼池、网围或网栏结构简单，所需配套设施很少，成本较低。

（2）废热水、温泉水高密度养殖。利用工厂排出的废热水、温泉水，经过简单处理，如降温、增氧后再入池，用过的水一般不再重复使用，这类水源是养殖苏氏圆腹鲶最理想的水条件。生产不受季节限制，温度可以控制，养殖周期短，产量高，目前我国许多热水充足的电厂、温泉区都在养殖。利用废热水、温泉水养殖，设施简单，管理方便，但需要有充足的废热水或温泉水。

（3）循环流水高密度养殖。利用池塘、水库、地下水等，通过动力提水，使水反复循环使用，如跑道式养殖、集装箱养殖等。

2. 鱼种放养

为避免水质快速恶化，提高饲料转化率，流水高密度养殖的苏氏圆腹鲶主要投喂浮性的人工配合饲料，因此一般投放可自主摄食人工颗粒饲料的大规格鱼种，建议 100 g/ 尾为宜。流水高密度养殖苏氏圆腹鲶时，要根据养殖设施的实际

最大载鱼量、水体交换量以及水体溶氧量来确定合理的放养密度。可以放养密度 300 ～ 500 尾 /m^3 作为参考投放鱼种。

养殖设施的最大载鱼量可按下式计算：

$$W=(A_1-A_2)Q/R$$

式中，W——最大载鱼量（kg/ 全池）；

A_1——注入水的溶氧量（g/m^3）；

A_2——维持苏氏圆腹𩷶正常生长最低溶氧量（2.5 g/m^3）；

Q——注水流量［m^3/（h · 全池）］；

R——鱼类耗氧量［苏氏圆腹𩷶为 0.40 ～ 0.45 g/（kg · h）］。

最大载鱼量是指苏氏圆腹𩷶在流水池中的总重量，在实际操作中要求明确具体的放养尾数。苏氏圆腹𩷶在流水池中进行饲养时，其具体的放养尾数可按下式进行计算：

$$I=W/S$$

式中，I——放养尾数（尾 / 全池）；

W——最大载鱼量（kg/ 全池）；

S——计划养成规格（kg/ 尾）。

举例：某流水池的水体体积为 30 m^3，单养苏氏圆腹𩷶时的最大载鱼量为 600 kg，成活率为 80%，要养成的苏氏圆腹𩷶每尾重 1500 g，其放养尾数则为 600 kg ÷ 1.5 kg/ 尾 ÷ 80% = 500 尾。

3. 饲料与投喂

流水高密度养殖的苏氏圆腹𩷶主要依靠摄食人工饲料来维持生长，可用专用人工配合全价颗粒饲料。投喂原则与池塘养殖、网箱养殖一样，流水高密度养殖的投喂原则也是“四看”和“四定”。日投喂量主要根据季节、水温和苏氏圆腹𩷶的总重量来确定。5 ～ 6 月，水温在 18 ～ 23℃时，日投喂量为鱼体总重的 5% ～ 7%；6 ～ 9 月，水温较高，日投喂量为鱼体总重量的 8% ～ 12%；水温超过 35℃时停止投喂。每天实际的投喂量还应根据当天的天气、水质、鱼的食欲、鱼浮头和鱼病等情况确定增加或减少。

4. 日常管理

日常管理工作包括调节水流量、排污、观察鱼的活动情况、注意水质变化、防病和防逃等。流水养殖苏氏圆腹𩷶时，应根据鱼体总重量的变化、水体溶氧含量的变化、水温的变化、水源来量的变化随时调节池水的流量，以保证池水的溶氧量在 5 mg/L 以上，并清除残饵、鱼粪、杂物等污染源，但水交换量不宜过大，避免鱼体出现应激现象，必要时可加装增氧设备。此外，要做好鱼病的防治工作，做到定期消毒、定期投喂药饵、及时捞出死鱼并做无害化处理等。

第六节 苏氏圆腹𩷶疾病防治技术

苏氏圆腹𩷶鱼病防治应本着“防重于治、防治结合”的原则，贯彻“全面预防、积极治疗”的方针。

一、疾病预防

1. 彻底清塘消毒

无论是养殖池塘还是越冬池，鱼进池前都要清池消毒。养殖池塘在放鱼种前，应用生石灰按水深 10 cm 投放 50 ～ 75 kg/667 m^2 或水深 1 m 投放 130 ～ 150 kg/667 m^2 的用量清塘。越冬池放养前，排干池水，清除附着物和污物，然后带水消毒，全池泼洒 20 mg/L 的漂白粉溶液。

2. 鱼种消毒

可用 3% 的食盐水、10 mg/L 的聚维酮碘或 20 mg/L 的高锰酸钾对苏氏圆腹𩷶鱼种进行药浴 15 ～ 20 分钟。

3. 饵料消毒、食场（台）消毒和工具消毒

新鲜饵料要用清水洗净再投喂。粪肥等则在每 500 kg 粪中加 120 g 漂白粉，搅拌均匀后施放。食场（台）消毒采取漂白粉挂篓或挂袋方法，可预防细菌性皮肤病和烂鳃病。渔用工具最好是专塘专用，如做不到专塘专用，应在换塘使用前，用 10 mg/L 的硫酸铜溶液浸泡 5 分钟。

4. 定期施用药物预防疾病

细菌性肠炎、寄生虫性鳃病和皮肤病等，常集中于每年的一定时间暴发。在发病以前采取药物预防，往往能收到事半功倍的效果。

5. 搞好养殖环境的卫生

清除杂草，去除水面浮沫，保持水质良好，及时掩埋死鱼，是防止苏氏圆腹𩷶鱼病发生的有效措施之一。

6. 控制水质

池塘和越冬池的养殖用水，一定要杜绝使用有毒有害的工厂废水，无论是池塘还是越冬池首先要考虑是否有符合要求的水源。利用地下深井水或温泉水养鱼，事先要采集水样进行水质分析。如深井水无氧或含铁量过高，应采取曝气增

氧和除铁措施（氧化、沉淀、过滤等）。

7. 在捕捞和运输过程中小心操作

苏氏圆腹鲢在越冬期间易发生水霉病，主要是鱼体受伤感染水霉所致，因此在捕捞和运输过程中一定要小心细致地操作，避免损伤鱼体。

二、疾病治疗

苏氏圆腹鲢的抗病力较强，成鱼养殖过程中一般不易发生鱼病，但在饲养过程中，管理不当也会发生疾病。苏氏圆腹鲢体表不具鳞片，对化学药物较敏感，一般不使用化学药物进行治疗。因养殖密度过大、水质恶化、残饵污染等因素影响，往往容易诱发各种疾病，主要有溃疡病、爱德华氏病、肠炎病、小瓜虫病、车轮虫病等。

1. 溃疡病

（1）症状。该病病原体为细菌。病鱼皮肤发炎，严重时肌肉腐烂，呈圆形，游动缓慢，失去平衡，不久即死亡（图 4–8）。

图 4–8　苏氏圆腹鲢溃疡病

（2）防治方法。在鱼种进池或转池过程中应避免鱼体受伤；全池遍洒 5 mg/L

聚维酮碘溶液。

2. 爱德华氏病

（1）症状。该病主要发生在鱼种培育阶段，我国南方常年发生，在秋冬季节容易暴发。病鱼不摄食，离群独游，身体因失去平衡而侧向滚动，体表有膨隆发炎的患部，鳍条末端坏死发白，眼球突出或混浊变白，有的病鱼头部发红、中央出现脓肿，肠道发红有腹水，肝、肾、脾肿大，有白色小结节样的病灶，有腐臭味。

（2）防治方法。全池泼洒 0.3 mg/L 的二溴海因或 0.5 ～ 1.0 mg/L 的 1% 聚维酮碘溶液，每天 1 次，连用 3 天；同时在饲料中添加大蒜素 0.2 ～ 0.3 g/ kg 或氟苯尼考 1.0 ～ 1.5 g/ kg，制成药饵投喂，每天 1 次，连喂 5 ～ 7 天。

3. 肠炎病

（1）症状。病鱼行动缓慢，不吃食，腹部膨大，体色变黑，特别是头部显得更黑，肛门红肿。剖开病鱼的腹腔，有很多体腔液，肠壁充血，呈红褐色。肠内没有食物，只有许多淡黄色的黏液。如不及时治疗，病鱼很快死亡。

（2）防治方法。在鱼苗培育阶段，该病往往因所投喂的饵料中携带致病菌造成，所以，投喂前应对饵料进行充分清洗和消毒，另外将大蒜捣碎后拌入饵料中连续投喂 3 ～ 6 天，每天 1 次，大蒜用量为投饵量的 2%，可以防止肠炎病的发生。

4. 水霉病

（1）症状。其病原体为水生霉菌，以水霉、绵霉等常见。水霉感染初期，肉眼看不出症状；肉眼可见时，水霉从鱼体向外生长成棉絮状菌丝，它能分泌一种酵素分解鱼的组织，使病鱼组织坏死，同时鱼体负担过重，游动失常，食欲减退，最后瘦弱而死。水霉还会感染鱼卵，菌丝呈辐射状穿过卵膜，鱼卵像一个白色绒球，造成鱼卵死亡。

（2）防治方法。用生石灰清塘；在捕捞、运输、放养过程中，小心操作，避免鱼体受伤；放养密度不要过大；先用 2% 食盐水浸浴病鱼 5 分钟，再用 10 mg/L 聚维酮碘溶液浸浴病鱼 10 分钟。

5. 小瓜虫病

（1）症状。镜检时发现感染小瓜虫，主要寄生于皮肤和鳍条。鱼被小瓜虫寄生后，鳍条和皮肤上有一个个的小白点，体表和鳃部分泌大量黏液，在池面缓慢游动，最终因呼吸困难而死。每年的 3 ～ 5 月和 8 ～ 10 月是小瓜虫病的流

行季节。15 ～ 25℃是小瓜虫繁殖的适宜水温，当水温在 10℃以下和 26 ～ 28℃时，小瓜虫发育停止，28℃以上时，小瓜虫容易死亡。

（2）防治方法。目前对小瓜虫病尚未有有效的治疗措施，通过换水、升温等措施并使用瓜虫灵、亚甲基蓝、菌毒杀等药物都不能有效控制病情。主要以预防为主，即放养前对养殖设施用生石灰消毒，鱼种进池前也应消毒，放养密度要适当，定期拌喂黄芪多糖和维生素 C 提高鱼体自身免疫力，以防小瓜虫病的传播。

6. 车轮虫病

（1）症状。病鱼体表和鳃部因寄生大量的车轮虫而导致死亡。

（2）防治方法。用 0.5 mg/L 硫酸铜和 0.2 mg/L 硫酸亚铁合剂全池泼洒，隔 3 天使用 1 次，连用 2 ～ 3 次，可有效防治该病。苏氏圆腹鲶体表不具鳞片，对化学药物较敏感，施药过程中要注意病鱼的活动情况，加大充气量和及时换水。

7. 斜管虫病

（1）症状。斜管虫寄生在鱼的皮肤和鳃上，表皮组织因受刺激而分泌大量黏液，同时组织被破坏，严重影响鱼的呼吸机能。大量寄生时，会使鱼苗鱼种死亡。

（2）防治方法。放养前彻底清塘，并保持水质良好；选择合理的放养密度；鱼种放养前用 3% 食盐水浸浴 5 分钟；用 0.5 mg/L 硫酸铜和 0.2 mg/L 硫酸亚铁合剂全池泼洒，隔 3 天使用 1 次，连用 2 ～ 3 次，可有效防治该病。

8. 指环虫病

（1）症状。指环虫主要寄生于鳃瓣，钩住鳃丝，破坏鳃组织，刺激鳃细胞分泌过多的黏液，妨碍鱼的呼吸。寄生数量多的病鱼，鳃部显著浮肿，鳃盖张开，鳃丝呈暗灰色，体色变黑，缓慢游动，离群独游，不摄食，逐渐瘦弱死亡。

（2）防治方法。在鱼种放养前，用 20 mg/L 的高锰酸钾溶液浸浴 15 ～ 30 分钟，以杀死寄生在鱼种身上的指环虫；发病时，全池泼洒 0.2 ～ 0.3 mg/L 水产用敌百虫。

9. 三代虫病

（1）症状。三代虫在鱼苗、鱼种、成鱼体上都可寄生，而对苗种为害最大。患三代虫病的鱼苗鱼种，最初呈现极度不安，狂游于水中或急剧侧游于水下，企图摆脱寄生虫的骚扰，继而食欲不振，游动迟缓，鱼体瘦弱，终致死亡。

（2）防治方法。防治方法同指环虫病。

10. 气泡病

（1）症状。气泡病多发生于鱼苗阶段，其症状为肠内充满气泡，不能下沉。发生该病的原因被认为是鱼苗误吞食了氧气过饱和形成的气泡，或是氮气过饱和形成的气泡。鱼苗吞食的一些小气泡在肠道中并成一个大气泡，从而使鱼体上浮，逐渐失去下沉的控制力，最终力竭而死亡。另外，如果直接使用温泉水或地下水进行越冬养殖，水中可能含有过饱和的氮气，氮气通过鳃向血液中扩散，使血液中的气体呈饱和状态，然后气体游离形成气泡，从而使呼吸频率加快。如不及时采取措施，会引起大批鱼死亡。

（2）防治方法。避免水质过肥，经常冲注新水；鱼苗池中不施未经发酵的粪肥，使用地下水时要充分曝气，使含有过饱和的气体快速扩散并与空气中的气体达到平衡；发现鱼患气泡病时，应立即向池中冲注新水或换水，或全池泼洒 5 mg/L 的食盐水。

11. 营养性疾病

（1）症状。饲料中的营养素不足或者过量，饲料变质或者饲料中能量不足等导致苏氏圆腹𩷕营养性疾病。常见的是苏氏圆腹𩷕脂肪肝病、维生素缺乏症等。病鱼肝肿大，颜色为粉白色或发黄，胆囊肿大，胆汁发黑，胰脏色淡。病鱼慢慢死亡，且先死者为个体较大者。

（2）防治方法。改进饲料配方，提高饲料质量。

12. 机械损伤

（1）症状。人工养殖的苏氏圆腹𩷕在拉网、搬运、放养等各个生产环节中，一般会造成皮肤擦伤、鳍条折断、鳍膜破裂、内部组织器官损害等，这些机械损伤往往会导致赤皮病、打印病、腐皮病、水霉病等的发生。

（2）防治方法。要避免损伤，在各个生产环节中要按技术操作规程进行，尽量减少捕捞、搬运的次数，改进捕捞、运输的工具和方法，尽可能减少鱼体损伤，对已受伤的鱼体及时用药物消毒处理。

第五章 台湾泥鳅健康养殖技术

第一节 台湾泥鳅养殖概况

台湾泥鳅为大鳞副鳅的一种，属鲤形目鳅科副泥鳅属。在我国多分布于长江中下游和台湾岛西北部的浅滩河流，1992 年由湖北省水产研究所进行培育和人工繁殖研究，其后于 2000 年在浙江湖州、广东顺德、湖北仙桃等水产技术站推广养殖。台湾泥鳅因其肉质细嫩，味道鲜美，营养丰富，且个体大，生长快，疾病较少，容易捕捞，单位面积产量高，较受消费者和养殖者喜爱，市场前景较好。

第二节 台湾泥鳅生物学特性

一、形态特征

台湾泥鳅体近圆筒形，头较短。口下位，马蹄形。下唇中央有一小缺口。鼻孔靠近眼。眼下无刺。鳃孔小。头部无鳞，体鳞较泥鳅为大。侧线完全。须 5 对。眼被皮膜覆盖。尾柄处皮褶棱发达，与尾鳍相连；尾柄长与高约相等。尾鳍圆形。肛门近臀鳍起点。体背部及体侧上半部灰褐色，腹面白色。体侧具有许多不规则的黑色、褐色斑点。背鳍、尾鳍具黑色小点，其他各鳍灰白色（图 5–1、图 5–2）。

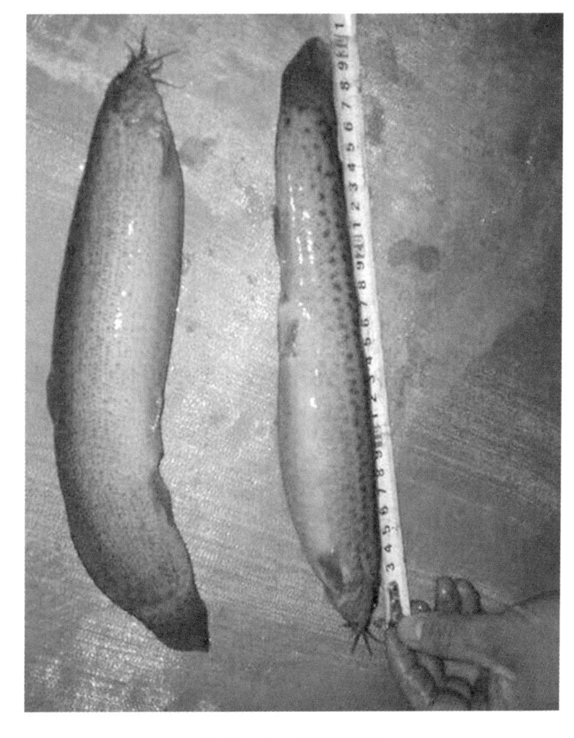

图 5–1 台湾泥鳅

图 5-2 台湾泥鳅

二、生活习性

台湾泥鳅对环境适应力强，最适生活水温为 22 ～ 27℃，当水温高于 30℃或低于 5℃时即钻入泥中蛰伏。台湾泥鳅除可用鳃呼吸外，还可用皮肤及特有的肠道呼吸。

三、食性与生长

台湾泥鳅属偏肉食的杂食性鱼类，在自然环境中常摄食浮游生物、水生昆虫、小型甲壳动物、植物碎屑等，在人工饲养过程中以投喂配合饲料为主。与普通泥鳅相比，台湾泥鳅最大的特点是生长速度快，养殖周期短。水温在 22 ～ 27℃时，3 ～ 5 cm 长的台湾泥鳅鱼种经过 3 ～ 4 个月养殖，长至 15 ～ 20 尾 /500 g 可上市，具体情况还应结合苗种质量、饲料营养水平以及池塘日常管理而定。

四、繁殖习性

在自然环境下，台湾泥鳅 1 冬龄即可达到性成熟，一般 4 ～ 8 月为繁殖旺季。台湾泥鳅为一年多次性成熟、多次产卵的鱼类，每个产卵期约 5 天。亲鱼怀卵量因个体大小不同而有差异，体长 15 cm 的雌鱼怀卵量约 17000 粒，而体长 20 cm 的雌鱼怀卵量高达 25000 粒。台湾泥鳅常在雨后的夜间产卵，产卵场所多

为有流动水的水田、池塘、河沟边等。受精卵黏性，可附在水草、石头上孵化。

第三节 台湾泥鳅人工繁殖技术

一、亲鱼的选择

台湾泥鳅亲鱼主要在人工养殖的商品鱼中挑选，避免从近亲繁殖的后代中挑选，按台湾泥鳅品种的形态特征来挑选。选择体形完整、体格健壮、体色正常、体表黏液多、无伤病、体长 15 ～ 20 cm、体重 50 g 以上的泥鳅为亲鱼。雌鱼要求腹部浑圆膨大，有弹性，将其仰卧，腹部两侧卵巢轮廓明显，生殖孔圆钝红肿，繁殖季节用手轻挤后腹部有卵粒流出；雄鱼的精液不易被挤出。

雌雄亲鱼的主要区别（图 5–3）：①雌鱼胸鳍宽短，末端圆，呈扇形，第二、第三软鳍条长短基本相同；雄鱼胸鳍窄而长，比雌鱼大，第二鳍条基部有小骨板。②繁殖期，雌鱼两侧腹鳍上部有一个白色斑点，雄鱼则无；雄鱼身体后部的两侧各有 1 条明显的肌肉突起，雌鱼则没有。

图 5–3 台湾泥鳅雄鱼（上）、雌鱼（下）

二、人工催产

催产药物采用马来酸地欧酮（DOM）+人绒毛膜促性腺激素（HCG）+促黄体生成素释放激素类似物2号（$LRH-A_2$），每千克雌鱼用DOM 5 μg、HCG 1000 IU、$LRH-A_2$ 5 μg，雄鱼剂量减半，在背部肌肉部位进行一次性注射（图5-4）。水温20～25℃，经10～20小时亲鱼就会发情产卵。

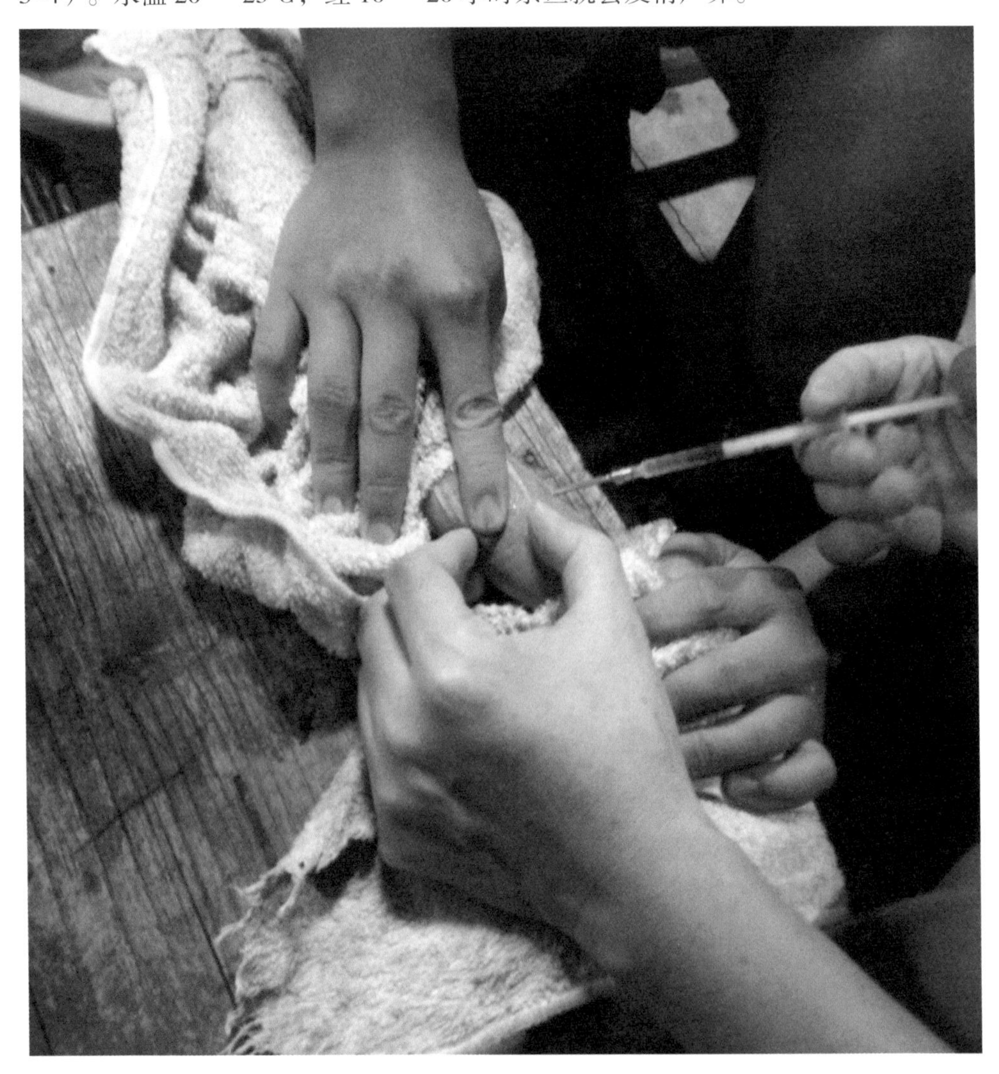

图5-4　背部肌肉注射催产药物

三、人工授精

催产后达到效应时间前后加强检查。轻压雌鱼后腹部有黄色或黄绿色的游离卵粒流出，卵粒互不粘连就可以进行人工授精。一般采用干法授精，取精、采卵同时进行。操作时避免阳光直射和带入水分。擦干鱼体，先挤出一定数量的雌鱼卵子到光滑的塑料盆（或不锈钢盆）内，马上剪开雄鱼腹部，取出精巢置于研钵内剪成碎块后研磨，加入少量 0.7% 生理盐水搅拌 30 秒，将稀释后的精液倒入装卵子的塑料盆或不锈钢盆内，用羽毛或手指（剪短指甲）搅拌 30 秒，使精液和卵子混合均匀，加入适量水，随后将受精卵均匀铺在孵化网片上，进行人工孵化（图 5-5 至图 5-8）。一般人工授精时雌、雄鱼的比例为 10∶1。

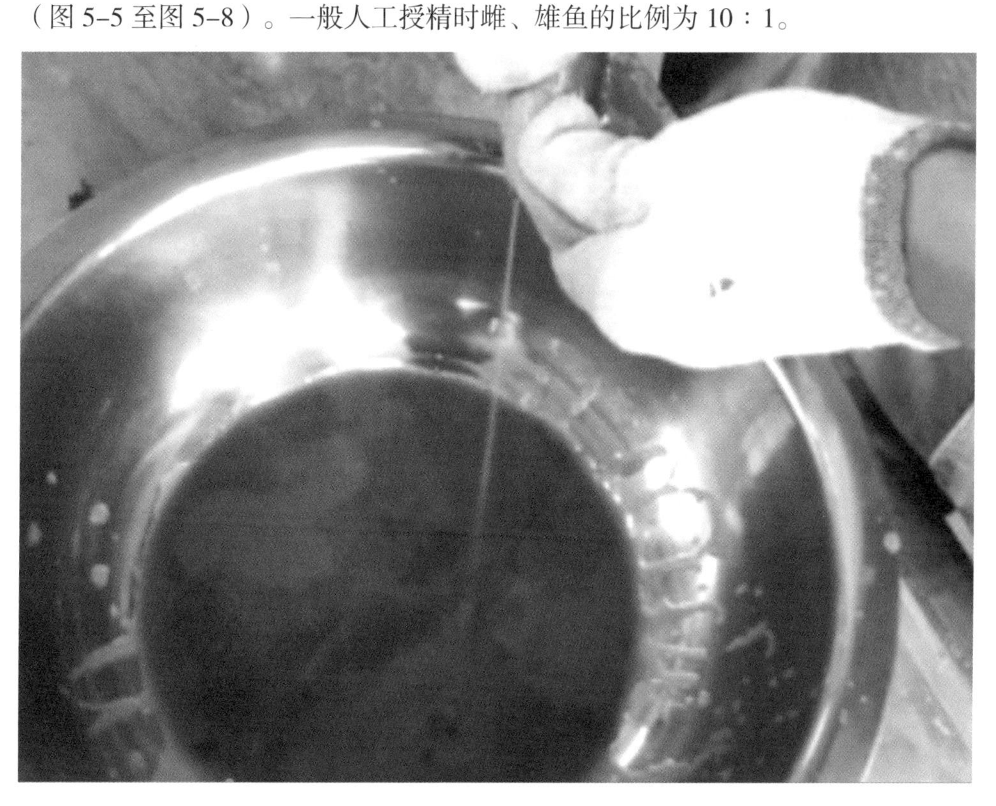

图 5-5　人工挤卵

图 5-6 剪碎台湾泥鳅的精巢

图 5-7 将稀释后的台湾泥鳅精液倒入盛卵的盆中进行人工授精

图 5-8　将受精卵铺在孵化网片上

四、孵化

孵化方法有 2 种。

（1）将采取人工授精获得的粘有受精卵的孵化网片悬挂在有微流水的水泥池（或孵化桶）中孵化，水泥池面积 10 ～ 20 m^2，池深 0.8 ～ 1.0 m，水深 0.6 ～ 0.8 m（孵化桶的体积约 1 m^3），最好开增氧泵充氧孵化，在大批量生产台湾泥鳅鱼苗时多采用此方法（图 5-9）。当鱼苗出膜后，大部分鱼苗喜欢附着在孵化网片上，宜轻轻抖动孵化网片，待大部分鱼苗离开孵化网片后，才能移走孵化网片。

图 5-9 孵化桶充气（加微流水）孵化台湾泥鳅鱼苗

（2）在孵化桶中进行孵化。以 40 万～60 万粒 /m^3 的密度将受精卵倒入孵化桶中进行微流水孵化，在孵化桶中充气使受精卵浮在水中不下沉（又称气浮式孵化），该方法适用于大规模的台湾泥鳅鱼苗生产（图 5-10）。

图 5-10 气浮式孵化台湾泥鳅鱼苗

水温在25℃时，受精卵经约30小时的孵化后开始出膜。刚孵出的鱼苗长约3 mm，附着在鱼巢上。3天后体长达到5 mm，已经能够自由游动并开始觅食，此时就要开始投饵。如果原池鱼苗密度过大，则要分池培育。台湾泥鳅鱼苗的开口饵料以轮虫最好，也可以投喂丰年虫、熟蛋黄、豆浆、鳗鱼饲料等。在原池饲养3天后，体长可达8 mm左右，鱼苗的体色由黑色变为淡黄色，此时就可以转入池塘进行鱼苗培育。

第四节　台湾泥鳅苗种培育技术

一、下塘前的培育

如果将孵化出膜后48～60小时卵黄囊即将消失、开食前的台湾泥鳅鱼苗下塘培育，因适应环境能力差、敌害的侵袭以及适口食物的不足等因素的影响，会导致成活率不高甚至培育失败。如果在孵化池培育到0.8～1.0 cm再下塘培育，会大大提高台湾泥鳅鱼苗的培育成活率（图5-11）。

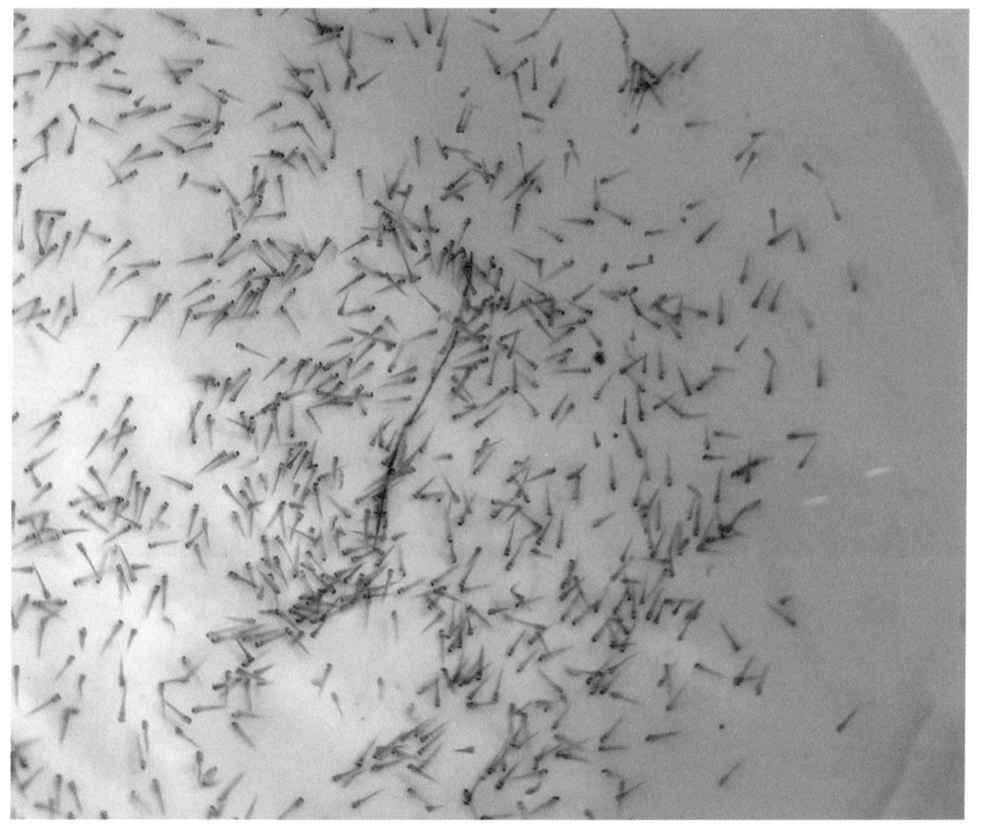

图5-11　台湾泥鳅鱼苗

孵化池面积 1 ～ 10 m^2，水深 0.8 ～ 1.0 m，孵化用水为自来水或地下水。台湾泥鳅鱼苗放养密度为 8 万～ 10 万尾 /m^3，将虾片和熟鸡蛋黄（或熟鸭蛋黄）分别用密筛绢布包裹，在水中用手搓碎，二者混合后稀释，全池均匀泼洒投喂，每天 8 ～ 9 时、17 ～ 18 时、22 时各投喂 1 次。因熟蛋黄很容易败坏水质，故只在开食后前 2 ～ 3 天投喂熟蛋黄，随后不再投喂，虾片的投喂量依据上次投喂时的剩余量和鱼苗的饥饿程度来定，如果虾片一点都不剩余，鱼苗空腹，四处觅食，适当多喂，反之，适当少喂。每天换水 1 次，换水量为全池水量的 4/5，即换掉大部分旧水，再加入等量的新水。每天 24 小时不间断充氧，保持水温 25 ～ 28℃，经过 10 天左右的培育，鱼苗长至 0.8 ～ 1.0 cm，可下塘培育（图 5-12）。

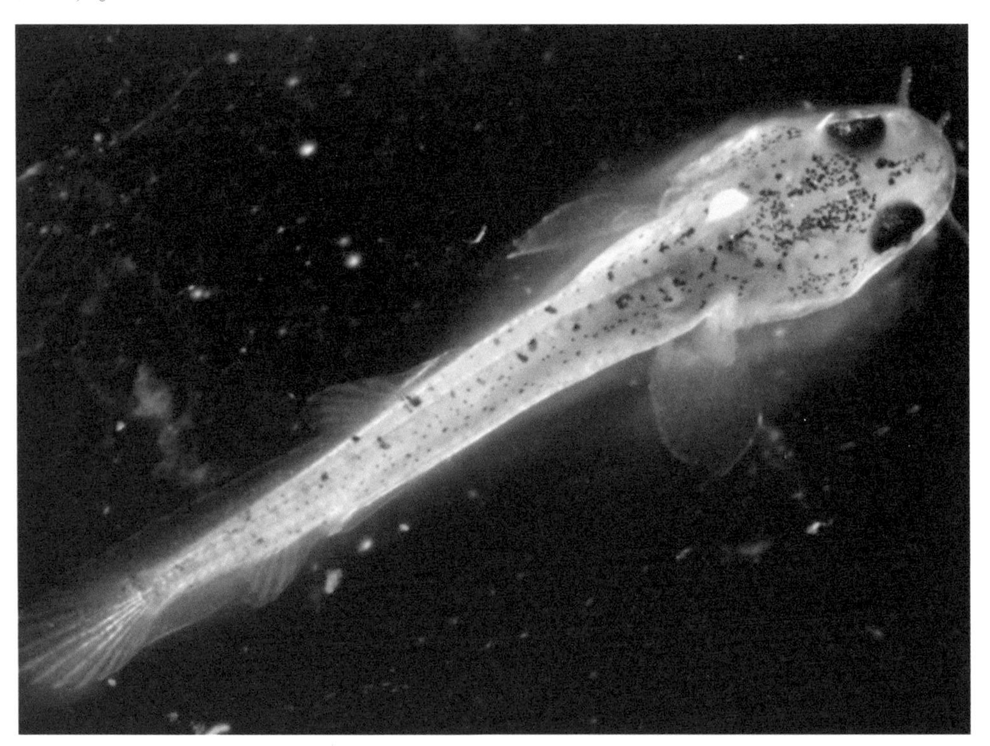

图 5-12 吃料 8 天的台湾泥鳅鱼苗

二、培育池的条件

培育池面积（2 ～ 5）×667 m^2，光照充足，池壁四周最好砌挡土墙，池底平坦，淤泥厚 10 cm 以下，排灌水方便。养殖用水为不受污染的河水、水库水、地下水等，经检测，符合渔业用水标准。配备增氧设施、抽水泵等渔业机械。

三、池塘清整与消毒

放苗前 10 天，彻底清除池塘周边杂草和池塘内的杂物，加固堤埂，维修进排水口，做好防洪、防逃准备工作。放苗前 7 天，池内留水深 10 cm，用生石灰与茶麸混合清塘，生石灰每 667 m^2 用量为 50 ～ 75 kg，溶水后全池遍洒，茶麸每 667 m^2 用量为 40 ～ 50 kg，将茶麸打碎成小块，提前 24 小时浸泡，遍洒生石灰后接着遍洒茶麸，注意要用生石灰水泼洒、消毒池壁四周，彻底杀灭池内的有害生物。

四、进水培养基础饵料生物

用生石灰与茶麸混合清塘后第二至第三天，施放经过发酵的有机肥（猪粪、鸡粪等）或市售的生物肥培育饵料生物（轮虫、枝角类等），每 667 m^2 施放发酵的有机肥 100 ～ 150 kg，市售的生物肥的用量按说明书使用，同时向池塘注水至水深 80 ～ 100 cm。水温在 25 ～ 32℃，正常情况下，施肥后 7 天左右池塘内的饵料生物就会培养出来。池塘水色以黄绿色、茶褐色为好，施肥后每天要注意观察水色，以确定是否需要追肥，同时每天要用 120 目筛绢小抄网捞取水中的饵料生物，用解剖镜或 40 倍的显微镜观察饵料生物的种类、密度，当轮虫的密度达到 2 ～ 3 个 /ml 时即放苗。

五、鱼苗放养

1. 鱼苗质量的鉴别

鱼苗在孵化池培育到 0.8 ～ 1.0 cm 时即可下塘培育。

鱼苗质量的好坏直接影响鱼苗的成活率，体质好的鱼苗表现为体色鲜艳，体形肥壮均匀，规格整齐，放在白盆中可见游泳活泼。鉴别方法见表 5–1。

表 5–1　台湾泥鳅鱼苗体质鉴别法

鉴别项目	优质鱼苗	劣质鱼苗
看体色	体表光滑，无附着物或病变特征	体色暗淡，体表无光泽
看游泳	搅动盛有鱼苗的盆（桶）水，鱼苗在漩涡边缘逆水游动；在培育池中集群游动	搅动盛有鱼苗的盆（桶）水，鱼苗会卷入漩涡；在培育池中不集群
抽样检查	吹动盛有鱼苗的白瓷盘水面，鱼苗能顶风逆水游动；在干瓷盘中会剧烈挣扎	吹动盛有鱼苗的白瓷盘水面，鱼苗顺水运动；在干瓷盘中无力挣扎，仅头尾能摆动

2. 鱼苗下塘前要试水

试水的目的是确定池塘水中清塘药物的毒性是否消失，确保放养鱼苗的安全。试水方法是在大量放苗前 24 小时，在池塘下风处水面下 40 ～ 50 cm 取水 1 桶或安装 1 个小网箱，在水桶或小网箱中放入 20 ～ 30 尾台湾泥鳅鱼苗，24 小时后，如果鱼苗安然无恙，就可以大量投放台湾泥鳅鱼苗。

3. 鱼苗下塘前拉空网

清塘后放苗前，池塘中会出现鱼苗的敌害生物如水蛇、青蛙、蝌蚪、水蜈蚣、松藻虫等，放苗前用密网在池塘中拉 2 ～ 3 遍，清除鱼苗的敌害生物，尽量减少它们对鱼苗的危害。

4. 鱼苗放养密度

池塘培育台湾泥鳅鱼苗的放养密度为 80 万～ 100 万尾 /667 m^2。

六、饲养管理

1. 饲料投喂

培育前期，池塘中有大量的轮虫、枝角类等活性饵料供台湾泥鳅鱼苗摄食，这是台湾泥鳅鱼苗培育成活率高的关键饵料。每天要观察活性饵料的生长情况，随着活性饵料的逐渐减少，开始投喂泥鳅配合饲料，将蛋白质含量为 32% ～ 34% 的泥鳅配合饲料粉碎，用水浸泡后兑水全池泼洒投喂。每天投喂量为鱼体重的 10% ～ 20%。鱼苗全长达 3 cm 以后可投喂适口的小粒径颗粒饲料，每天投喂量为鱼体重的 8% ～ 10%。每天 8 ～ 9 时、17 ～ 18 时、22 时各投喂 1 次，早晚投喂量要多些，每次具体的投喂量可根据鱼苗的吃食情况、天气状况、水温状况及水质状况来确定，一般以鱼苗在 1 小时内吃完为好。

用细竹条编制结构紧密的直径为 40 cm、高度为 10 cm 的圆盘状簸箕，将其做成食台，或用 8 号铁线、80 目的筛绢布做成图 5-13 所示的食台。食台悬挂于水面下 50 cm 处，每口池塘悬挂 2 ～ 3 个，每次投料时，将少量饲料投放到食台中，一般在投料后 1 小时提起食台，检查鱼苗的摄食、生长及健康情况。

坚持“四定”投喂原则，即定时、定位、定量、定质投喂饲料。

图 5-13　食台

2. 水质管理

由于放养密度大，适时加注新水至水深约 150 cm，池水透明度控制在 30 cm 左右，晴天每天除 9 ～ 12 时、17 ～ 20 时不开增氧机外，其他时间段都开动增氧机，遇到阴雨天及闷热无风的天气，全天开增氧机，根据水质状况，适时排去部分旧水，加入部分新水，保证水质清新，溶氧充足。

3. 坚持巡塘

坚持每天早、中、晚巡塘，仔细观察鱼苗的活动情况，及时打捞死鱼、杂物等，将死鱼做无害化处理，发现问题及时处理，并做好养殖日志。

4. 做好疾病防治工作

坚持“以防为主、防重于治”的方针。台湾泥鳅是细鳞鱼，对较多药物敏感，用药应注意药物的品种与用药量。

经过 20 ～ 25 天的池塘培育，台湾泥鳅鱼苗长到 5 ～ 8 cm 时，肠呼吸功能逐步完善后，便可捕捞销售或进行成鱼养殖。

第五节 台湾泥鳅成鱼养殖技术

一、池塘的环境条件

养殖台湾泥鳅，池塘面积不宜过大，以 $5 \times 667\ m^2$ 以内为宜。要求池深 2.5 ～ 3.0 m，水深 1.5 ～ 2.0 m。池塘最好是东西走向的长方形，长宽比为 2∶1 或 3∶2。池底要求平坦，或略向排水口倾斜，以利于干池捕鱼。进排水方便。

土质对泥鳅质量有较大影响。池塘的底质以红黄土为好，红黄土的保水力和保肥力适中，池水不致太浑，底泥不会过深，饵料生物生长好，又便于操作管理。在红黄土底质的水域中养出的泥鳅体色黄，肌肉厚，骨骼软，味道鲜。如果塘底淤泥过多，则易造成缺氧、藏污纳垢和发生疾病。池塘的淤泥深度以 5 ～ 10 cm 为宜。

养殖用水以含氧量高、水质良好、无污染的江河水、湖泊水、水库水、温泉水等为好。一些水源紧张的地区，也可使用地下水作为养鱼池的水源，但要经过曝晒，以升温和增氧；一些工厂（如电厂、平板玻璃厂等）排放的无污染的废水，也可养殖台湾泥鳅。

池塘内安装 1 ～ 2 台叶轮式增氧机或射流式增氧机。最好在离池塘四周池壁 30 ～ 50 cm 处安装围网（围网一般与池堤等高），使台湾泥鳅不靠近池壁，以此来预防老鼠和蛇的掠食；在池塘上方搭建聚乙烯网或尼龙网，防止鸟类对泥鳅的攻击。

二、池塘清整与消毒

同台湾泥鳅苗种培育技术。

三、进水培养基础饵料生物

同台湾泥鳅苗种培育技术。

四、鱼种放养

（1）鱼种质量的鉴别。下塘鱼种质量的好坏直接影响台湾泥鳅的成活率，要求下塘的台湾泥鳅鱼种体形完整，无伤无病，规格整齐，身体肥壮，体色鲜艳有光泽，游泳活泼，溯水性强，受惊时能迅速潜入水底，密集时，头向下而尾不断煽动（图 5-14、图 5-15）。

图 5-14　台湾泥鳅鱼种

图 5-15　台湾泥鳅鱼种

（2）鱼种下塘前要试水。同台湾泥鳅苗种培育技术。

（3）鱼种下塘前要拉空网。同台湾泥鳅苗种培育技术。

（4）鱼种放养密度。3 ～ 5 cm 长的台湾泥鳅鱼种放养密度为 3 万～ 5 万尾 /667 m^2，混养 15 ～ 20 cm 长的鳙鱼 10 ～ 20 尾 /667 m^2，鲢鱼 15 ～ 30 尾 /667 m^2，用以滤食水中的浮游生物，使水质清新，防止蓝藻、绿藻泛滥。

五、做好放种工作

（1）缓苗。外购的鱼种一般用塑料袋充氧装运，在入池前应先将鱼种袋缓慢放入事先安置在鱼池中的网箱内漂浮 20 ～ 30 分钟，待袋内水温与池内水温接近一致，再打开袋口，将少量池水加入袋内，使池水与袋内的水逐渐混合，5 ～ 10 分钟后再将鱼种带水一起缓慢倒入池塘内（倒鱼时袋口紧贴水面），借此调节水的温差和鱼种对袋内外气压改变的适应。如果是敞开式运输鱼种，到达池塘边后，缓慢加入适量池塘水到装鱼种的容器中，使容器中的水温与池塘水接近一致，再放鱼种入池。

（2）放种。同一池塘应放养规格一致的鱼种，选择晴天，在池塘上风处或较深水处缓慢放种。

六、饲养管理

1. 饲料投喂

台湾泥鳅的惰性较大，喜游池边，为保证台湾泥鳅长势均匀，宜沿池塘四周投喂饲料。放种后的第一个月投喂粉料和小破碎饲料，1 个月后可投喂适口的小粒径浮性料。

台湾泥鳅生长速度快，营养需求高，要投喂营养均衡、蛋白优质的人工配合饲料，最好选择规模大、信誉好的厂家生产的人工配合饲料。投饵率可参考表 5-2。

表 5-2 不同规格台湾泥鳅的投饵率和日投喂次数

规格（尾 / 500 g）	2000 ～ 500	500 ～ 100	100 ～ 50	50 以下
投饵率（%）	10 ～ 8	8 ～ 6	6 ～ 4	4 ～ 3
日投喂次数	5 ～ 4	4 ～ 3	3	3

每天投喂 1 次适量的小浮萍或切碎的嫩草（如黑麦草等）等青饲料，以补充维生素、微量元素等，把青饲料围拦在池内的一定水域。

每次的实际投喂量应根据天气、水温、水质、鱼的吃食等情况做出调整，如鱼浮头、刮大风、下大雨等可停止投喂，鱼生病、闷热无风天、阴雨天等酌情减

少投喂。为了及时了解台湾泥鳅的吃食情况，宜在池塘四周设置 3 ～ 4 个喂食观察台，以投料后 30 分钟左右吃完为宜。在 7 ～ 9 月的高温季节，宜每半个月停料 1 天，以调理台湾泥鳅肠道，降低肝胆负荷，预防肠炎及肝胆疾病等。此外，宜每 10 天用 EM 菌等有益菌拌料投喂 1 次，以增强台湾泥鳅的免疫力，提高防病能力。

2. 水质管理

养殖台湾泥鳅成鱼，第一个月水深控制在 0.8 ～ 1 m，第二至第三个月水深控制在 1 ～ 1.5 m，第四个月水深控制在 1.5 ～ 2 m。水温低于 10℃，将水深加到 2.5 m 进行越冬，且要保证溶氧充足。水温高于 30℃，可抽地下水入池进行降温。

养殖前期每 10 ～ 15 天加新水 1 次，中期每周加新水 1 次，后期每 3 ～ 4 天加新水 1 次，每次加新水 10 cm 左右，必要时换去部分旧水（特别是底层水），再加入等量的新水，保证水质清新，保持池水透明度为 25 ～ 30 cm，最终使水深达 1.8 ～ 2 m。必要时开动增氧机增氧，使池水溶氧充足，溶氧量保持在 4 mg/L 以上。每隔 20 天，全池泼洒 20 g/m^3 的生石灰，使池水的 pH 值保持在 7.5 ～ 8.0。

待台湾泥鳅长至 100 尾 /500 g 左右后，在池塘中（占池塘面积的 10% 左右）种植空心菜、水葫芦等漂浮性水生植物，起到遮阳、吸收水中富余有机物使水质变清新的作用，水生植物还可吸引水生昆虫，使水生昆虫作为台湾泥鳅的活饵料，水生植物的嫩根、嫩芽也可被台湾泥鳅摄食，补充营养。

定期测定水温、溶氧量、pH 值、氨氮、亚硝酸盐等，相关指标出现异常及时采取措施。

3. 日常管理

（1）巡塘管理。坚持每天早、晚巡塘，仔细观察台湾泥鳅的活动、摄食、水质变化、有无疾病等情况，发现问题及时处理；及时打捞死鱼、杂物等；高温季节加强夜间管理，出现缺氧征兆，及时开动增氧机增氧。

（2）防逃管理。台湾泥鳅逃逸能力很强，尤其在暴雨、连日大雨时应加强防范。平时应注意检查防逃设施是否完整，池埂是否渗漏等。

（3）防御天敌。防御天敌是台湾泥鳅养殖成功的非常重要的影响因素之一，其天敌主要包括水蛇、黄鼠狼、老鼠、青蛙、蝌蚪、水蜈蚣以及鸟类等。进水管需安装过滤网，防止野杂鱼、水蜈蚣以及蝌蚪等敌害随水进入池塘；有条件的，可用彩色钢瓦把池塘四周围拦，防止蛇、黄鼠狼和老鼠进入池塘掠食台湾泥鳅；在池塘上方搭建聚乙烯网或尼龙网，防止鸟类对泥鳅的攻击、掠食，发现网有破洞，及时修补（图 5–16）。

（4）做好养殖日志。主要记录池塘水质情况、投放苗种情况、鱼活动情况、投喂饲料量、用药种类和用药量、销售情况等。

图 5–16　台湾泥鳅养殖塘外部设置

4. 收获和捕捞

3 ～ 5 cm 长的台湾泥鳅鱼种，经过 3 ～ 4 个月的养殖长至 15 ～ 20 尾 /500 g，便可捕捞上市。

土泥鳅爱钻泥，只能靠地笼进行捕捞，捕捞工作强度大，而且捕捞率低。而台湾泥鳅与土泥鳅习性不一样，喜游水面，不钻泥，既可采取拉网式捕捞，也可采取地笼式捕捞。采用拉网式捕捞时，网具最好采用柔软的尼龙材质，防止泥鳅受伤。一次拉网后可泼洒高锰酸钾使台湾泥鳅浮头再进行拉网，这样可提高起捕率（图 5–17）。

图 5–17　收获的台湾泥鳅

第六节　台湾泥鳅疾病防治技术

台湾泥鳅疾病防治的原则是“以防为主，防治结合”，尽量减少台湾泥鳅的损失。平时要做好疾病的预防工作，定期使用增氧改底药物及EM菌、光合细菌等微生物制剂，改善池塘水质，营造良好的生长环境；定期使用消毒剂消毒水体；定期投喂黄芪多糖、多维素等保健药品。

台湾泥鳅抗逆性强，疾病较少，但由于在养殖过程中大量投料，导致池塘中鱼粪及残饵逐渐增多，尤其到了高温季节，水质极易变坏，从而引发各种疾病。

一、白嘴白尾病

1. 症状

病鱼从吻部到眼前的一段皮肤呈乳白色，唇肿胀，嘴部周围的皮肤腐烂，可看到有絮状物黏附在嘴部，病鱼成团聚集在池边。

2. 防治方法

全池泼洒10%聚维酮碘溶液，浓度为0.5～1 ml/m^3，连用2～3天，同时投喂氟苯尼考、黄连解毒散、黄芪多糖、多维素等，氟苯尼考用量每千克鱼体重为5～15 mg，拌料投喂，每天1次，连喂3～5天，其他药物的用量按说明书执行。

二、烂皮烂身病

1. 症状

病鱼体表表皮脱落、出血、发炎，严重者皮肤溃疡、肌肉腐烂。溃疡灶容易感染车轮虫等寄生虫。有的病虫并发肠炎病，肛门红肿。病鳅食量减少，消瘦，甚至死亡。

2. 防治方法

外用聚维酮碘（浓度为0.5～1 mg/L）或二氧化氯（浓度为0.1～0.2 mg/L）等全池泼洒，每天1次，连用3次。投喂氟苯尼考、肝胆康与三黄散，连喂3～5天。

三、细菌性肠炎病

1. 症状

该病主要由肠型点状气单胞菌感染引起。病鱼在水面独游，不进食，体形消瘦，体表颜色发暗，肛门红肿，挤压腹部，从肛门处流出淡黄色或淡红色的黏液。剖检病鱼，可见肠道发红，肠内无食物，充满淡黄色或淡红色的黏液。

2. 防治方法

水质浓浊或水面有油膜要改底，减少底部耗氧，第二天用活菌微生物制剂调节水质；控制投喂量，喂八成饱即可；投喂氟苯尼考、三黄散、健胃助消化药。

四、锚头鳋病

1. 症状

病鱼出现烦躁不安、行动迟缓、食欲减退、身体瘦弱等病症；锚头鳋的头角及部分胸部插入鱼体肌肉，身体大部分露在鱼体外部，且肉眼可见，犹如在鱼体上插入小针。有的锚头鳋虫体上布满藻类和固着类原生动物。锚头鳋寄生处，周围组织充血发炎；寄生于口腔四周的锚头鳋，引起口腔不能关闭，因而不能摄食（图 5-18）。

图 5-18 锚头鳋病鱼体

2. 防治方法

用 0.25 ml/m^3 的 3.2% 阿维菌素乳剂溶液全池遍洒，能有效杀灭锚头鳋。

五、气泡病

1. 症状

该病主要发生在鱼苗阶段，如水中溶氧或其他气体含量过多，易导致气泡病。病鱼肠中充气，腹部鼓胀，浮于水面不下沉。

2. 防治方法

发病严重的鱼池，可用食盐水全池泼洒，浓度为 1 g/L，或加入新水。采取少食多餐的投饵方式，并加强水质管理，可以预防该病的发生。